掌上秦岭口袋书系列

秦岭常见鸟类识别手册

丛书主编　李保国
本册主编　赵纳勋
编　　者　于晓平　于海丽　王晓卫
王程亮　叶元兴　齐晓光
阮英琴　杨星科　芦竹艳
李保国　何　刚　张　培
张希明　罗　磊　房丽君
赵纳勋　赵海涛　侯　立
郭松涛　党高弟　黄　康
（以姓氏笔画排序）

陕西新华出版
陕西人民教育出版社
·西安·

图书在版编目（CIP）数据

秦岭常见鸟类识别手册 / 李保国主编. -- 西安：陕西人民教育出版社，2017.4（2023.11重印）
（掌上秦岭口袋书系列）
ISBN 978-7-5450-4933-6

Ⅰ. ①秦… Ⅱ. ①李… Ⅲ. ①秦岭－鸟类－手册
Ⅳ. ①Q959.708-62

中国版本图书馆CIP数据核字（2016）第283112号

掌上秦岭口袋书系列

秦岭常见鸟类识别手册

丛书主编　李保国
本册主编　赵纳勋

出　　版	陕西人民教育出版社
发　　行	陕西人民教育出版社
地　　址	西安市丈八五路58号
邮　　编	710077
项目策划	何　倩　汪田甜
责任编辑	何　倩　汪田甜
装帧设计	祖辉工作室
经　　销	各地新华书店
印　　刷	西安创维印务有限公司
开　　本	889毫米×1194毫米　1/48
印　　张	5.5
字　　数	150千字
版　　次	2017年4月第1版
印　　次	2023年11月第3次印刷
书　　号	ISBN 978-7-5450-4933-6
定　　价	36.00元

序 言

我的家乡坐落于秦岭脚下的渭河平原，儿时的我在琅琅读书之余常会推开窗扉遥望秦岭大山，每当此时，心中便会萌生有关那神秘大山的无限畅想。

1978年国家恢复高考，我幸运地踏入了大学之门，开始学习生物学知识。第一次进入秦岭是1980年的教学实习，深山中争奇斗艳的花朵、自由飞翔的鸟儿、翩翩起舞的昆虫、雾霭缭绕的森林，无不令我陶醉，让我着迷，不知不觉中我深深地爱上了秦岭。

为了实现儿时的梦想，从这以后，我开始探索秦岭丰富多彩的生物世界，遨游于生物学知识的海洋之中。三十多年来，我踏遍了秦岭的山山水水，历尽了路途的艰难险阻，领略了大自然的神奇美妙，见证了生物多样性的博大精深，并憧憬着未来能有更多的人们走进大山，深入了解秦岭，珍惜并爱护大自然馈赠的财富。

这个时代终于到来了。随着国家经济的飞速发展，人们的生活越来越富足，走进自然作为人们追求生活品质的方式，已成寻常。然而，常常有从秦岭山中游玩归来的朋友告诉我，山中景物确实很美，但对那些令人眼花缭乱的花鸟草木却不甚了解，实在有些遗憾。而我在出国学术访问闲暇之时，常去书店浏览，发现国外有许多介绍自然界的动物、植物、海洋、沙漠等的科普口袋书，小巧便携，很受当地读者的欢迎，心中便生出一个念头：什么时候也能够编一套这样的书籍给我们中国的读者就好了！

机会终于来了，陕西人民教育出版社的编辑找到我和我的同仁，希望编写出版一套图文并茂，集科学性、文化性、实用性于一体，介绍我们大秦岭生物多样性的科学普及类书籍。正是在这样的机缘下，大家期待中的“掌上秦岭口袋书系列”丛书出版问世了。

亲爱的读者朋友们，愿这套小书能够唤醒你儿时的记忆，带你走进大山深处，探秘令人心旷神怡的生物世界。让我们一起来保护我们赖以生存的秦岭生态环境，真正做到人与自然和谐共处，从而使得我们的生活更加幸福！

2015年12月13日于西北大学

鸟类识别常识

鸟的基本身体部位

（白腰文鸟）

鸟的上体和下体

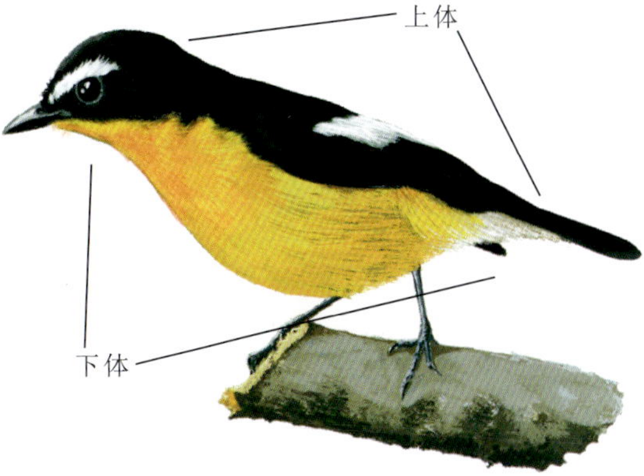

（白眉姬鹟）

鸟的头部

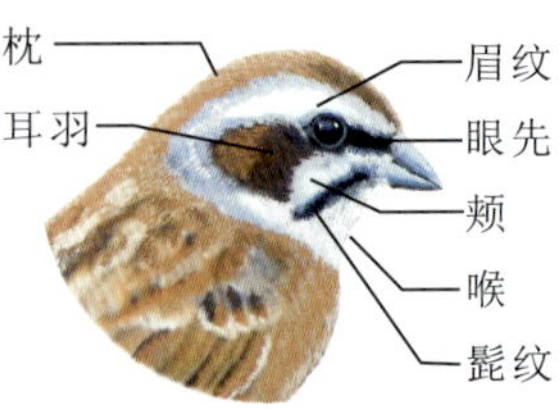

（三道眉草鹀）

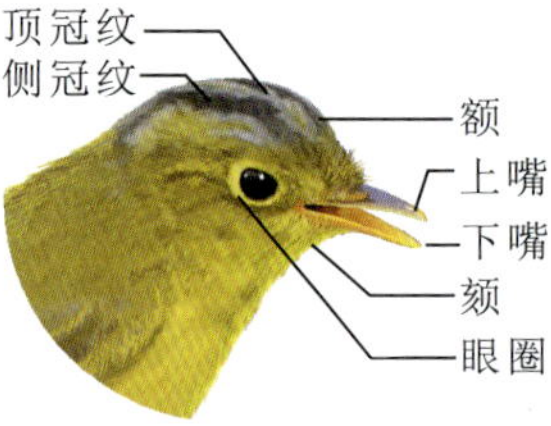

（淡尾鹟莺）

（短耳鸮）

（小太平鸟）

鸟嘴的结构

（豆雁）

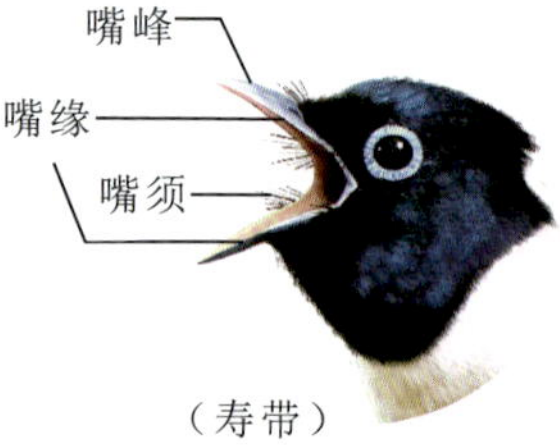

（寿带）

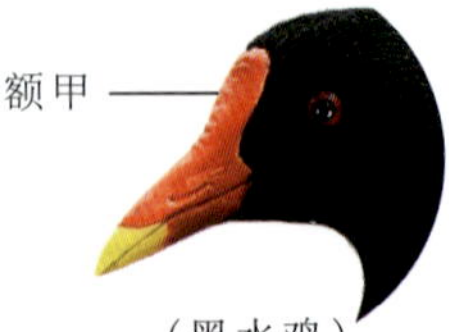

（黑水鸡）

（赤腹鹰）

鸟的嘴形

交错形
（红交嘴雀）

利钩形
（红隼）

圆锥形
（灰头灰雀）

琵琶形
（白琵鹭）

平扁形
（斑嘴鸭）

三角形
（三宝鸟）

上翘形
（反嘴鹬）

下曲形
（斑胸钩嘴鹛）

凿状形
（蓝翡翠）

锥形
（绿鹭）

鸟的翅膀

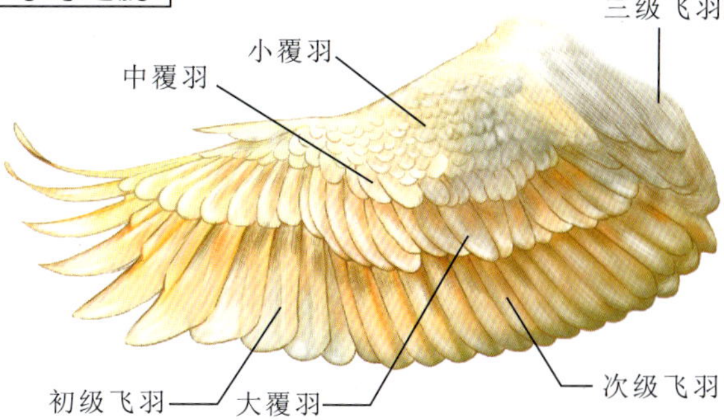

（朱鹮）

翼镜
（绿翅鸭）

鸟的尾形

凹尾
（家燕）

铗尾
（普通燕鸥）

平尾
（紫啸鸫）

叉尾
（黑卷尾）

凸尾
（蓝喉太阳鸟）

楔尾
（白背啄木鸟）

圆尾
（蓝翡翠）

长尾
（红腹锦鸡）

鸟的尾羽

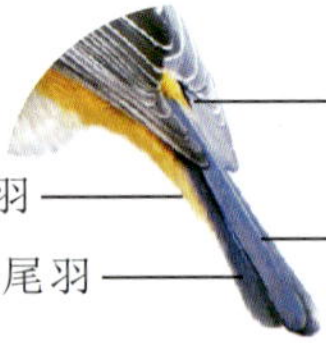

（蓝额红尾鸲）

鸟的足型

常态足

对趾足

异趾足

并趾足

前趾足

凹蹼足

瓣蹼足

全蹼足

半蹼足

目录

备注：目录中物种所属的科及科以下的物种是按照《中国鸟类分类与分布名录》(第三版)排序。

阅读说明

示例	说明
	国家一级保护动物
	国家二级保护动物
	中国特有种
	秦岭特有种
蓝色字样	鸟类的识别要点
Tachybaptus ruficollis	学名
Little Grebe	英文名
♀	雌性
♂	雄性

灰胸竹鸡 *Bambusicola thoracicus*

Chinese Bamboo Partridge

雉(zhì)科

形态特征 体长32厘米左右。眉纹灰色，头、颈两侧以及颏、喉栗红色。上体灰褐色，背部具有栗斑和白斑。前胸蓝灰色，其余下体由栗棕色渐后变为棕黄色，具有褐色斑。

习性 留鸟（全年在该区域生活，不进行长距离迁徙的鸟类）。常以家庭成小群活动，夜晚栖于竹林或树上。杂食性。繁殖期4～7月，营巢于灌丛、草丛、树下或竹林的地面凹陷处。

分布 秦岭海拔1500米以下的各种有林生境。秦岭南坡密度大，数量多。

血雉 *Ithaginis cruentus*

Blood Pheasant

雉科

形态特征 雄鸟：体长43厘米左右。具有蓬松的冠羽，体羽灰色，具有矛状长羽，蜡膜、头侧、腿及尾羽红色。雌鸟：体形较雄鸟稍小，体羽灰褐色，腿红色。

习性 留鸟。喜结群活动于林下地面，从几只到十多只不等，夜晚栖于树上。食性较杂。繁殖期4～7月，在灌木丛、岩石下或倒木旁用落叶及苔藓堆成地面巢。

分布 秦岭中西部海拔1800米以上的针叶林、针阔叶混交林和灌丛地带。

♂

♀

红腹角雉 *Tragopan temminckii*

Temminck's Tragopan

雉科

形态特征 体长约66厘米。雄鸟：羽色艳丽，体羽绯红，上体多有带黑色外缘的白色小圆点，下体带椭圆形灰白色点斑，脸颊天蓝色，颈下肉裙镶天蓝色点斑。雌鸟：体形较小，体羽灰褐色，具有杂斑，下体有大块白色点斑。

习性 留鸟。常单独活动。杂食性。繁殖期3～5月，营巢于树上或林中地面。

分布 秦岭海拔1500～2500米的阔叶林、针阔叶混交林。秦岭南坡数量最多。

勺鸡 *Pucrasia macrolopha*

Koklass Pheasant

雉科

形态特征 雄鸟：体长60厘米左右，具有明显的飘逸型耳羽束及冠羽，头部蓝绿色，颈侧白色。上背皮黄色，胸至下腹中央深栗色，其他部位白色，具有黑色矛状纹。雌鸟：体形较雄鸟小，有冠羽，但无耳羽束。

习性 留鸟。多成对活动，喜开阔的多岩林地。以植物的种子、果实等为食。繁殖期4～7月，在地面以树叶、杂草营巢。

分布 秦岭海拔1500～2500米的针叶林、针阔叶混交林。

环颈雉 *Phasianus colchicus*

Ring-necked Pheasant

雉科

形态特征 雄鸟：体长85厘米左右，尾长。具有红色、黄色、栗色等多种艳丽的羽色，头颈部具有黑色光泽，眼周裸皮鲜红色。下背蓝灰色，具有横斑。尾棕褐色，带黑色横纹。雌鸟：体长约60厘米。色暗，周身密布浅褐色斑纹。

习性 留鸟。栖息于灌丛、竹丛、草丛和次生林中。主要以谷类、浆果、种子和昆虫为食。春季繁殖，营巢于灌丛或草丛中的地面凹陷处。

分布 秦岭海拔1200米以下的低山丘陵。

红腹锦鸡 *Chrysolophus pictus*

Golden Pheasant

雉科

形态特征 雄鸟：羽色艳丽。尾特别长，黑褐色，满缀皮黄色斑点，连体可长达100厘米左右。头顶及背具有耀眼的金黄色丝状羽，上背蓝绿色，翅为金属蓝色，枕部披风为橙棕色，并具有黑色条纹，下体深红色。雌鸟：体长65厘米左右。体羽黄褐色，多具有黑色横斑。

习性 留鸟。夜晚栖息于树冠隐蔽处，常在地上活动觅食，有时也上树取食。杂食性。繁殖期4～6月，一般在森林中隐蔽处的地面营巢。

分布 秦岭海拔2500米以下的阔叶林、针阔叶混交林和针叶林广泛分布。

♀ ♂

豆雁 *Anser fabalis*

Bean Goose

鸭科

形态特征 体长约80厘米。体羽灰色。头部棕褐色。背和翅灰褐色，具有淡黄白色羽缘。尾黑褐色，具有白色端斑。嘴黑色，并具有橘黄色横斑。虹膜暗棕色，脚橘黄色。

习性 冬候鸟(冬季来此地越冬，春季再向北方繁殖区迁徙的鸟类)。喜结群活动于河流、湖泊的沼泽地带，主要以苔藓、地衣及植物的嫩芽、嫩叶等为食。

分布 渭河、汉江河谷地带，尤以渭河滩涂数量较多。

翘鼻麻鸭 *Tadorna tadorna*

Common Shelduck

鸭科

形态特征 体长约60厘米。体羽大部分为白色。头、颈绿黑色。嘴红色，上翘，雄鸟基部有醒目的红色瘤。胸部有一栗色横带。肩羽和尾羽的末端为黑色，腹中央有一条宽的黑色纵带。

习性 冬候鸟。常数十只至上百只结群活动于宽阔的河谷、滩涂和水面。杂食性。

分布 秦岭低海拔河谷地带，尤以渭河滩涂数量最多。

赤麻鸭 *Tadorna ferruginea*

Ruddy Shelduck

鸭科

形态特征 体长约63厘米。体羽棕红色或橙黄色。头黄白色。雄鸟：夏羽（鸟类于春秋两季更换体表的羽毛，春季更换的新羽称为夏羽）具有黑色领环。雌鸟：体色和雄鸟的相近，但稍淡，颈基无黑色领环。嘴、腿及尾黑色。

习性 冬候鸟。喜结群活动于河流、湖泊水面。食性较杂。

分布 秦岭低海拔地区河谷地带广泛分布，尤以汉江、渭河数量多、密度大。

鸳鸯 *Aix galericulata*

Mandarin Duck

鸭科

形态特征 体长40厘米左右。雄鸟：羽色艳丽，具有宽阔的“逗号”状白色眉纹，金色颈和背部炫耀性棕黄色帆状饰羽，非常醒目，嘴红色，端部亮黄色。雌鸟：体羽暗灰色，眼周白色，其后连一细的白色眉纹，嘴灰色。

习性 多为冬候鸟，少部分为夏候鸟。结群活动于山地河流、湖泊和塘库。杂食性。繁殖期4～6月，营巢于树洞。

分布 秦岭海拔1500米以下的河流、湖泊和塘库。

赤膀鸭 *Anas strepera*

Gadwall

鸭科

形态特征 体长50厘米左右。雄鸟：嘴黑色，上体暗褐色，背上部具有波状白色细纹，腹白色，翼镜黑白色。雌鸟：嘴橙黄色，嘴峰黑色，上体暗褐色，且具有白色斑纹，翼镜白色。

习性 冬候鸟。常成小群在开阔的河流、湖泊水面上活动，有时也在湖边的沼泽或农田中觅食，以植物性食物为主。

分布 汉江、渭河及其大的支流河谷地带。

罗纹鸭 *Anas falcata*

Falcated Duck

鸭科

形态特征 体长46厘米左右，雄鸟体形较雌鸟大。雄鸟：头顶栗色，头侧闪光绿色，嘴上基部及喉白色，下背黑白色的飞羽长而弯曲，尾下两侧各有一块三角形乳黄色斑。雌鸟：上体黑褐色，满布“U”形淡棕红色斑；下体棕白色，满布黑斑。

习性 冬候鸟。结群栖息于水面宽阔、流速平缓的河流、湖泊。性胆怯而机警。杂食性。

分布 汉江、渭河及其较大的支流。

绿头鸭 *Anas platyrhynchos*

Mallard

鸭科

形态特征 体形似家鸭。翼镜紫蓝色，脚黄色。雄鸟：头及颈深绿色，带光泽。白色颈环使头与栗色胸隔开，嘴黄色。雌鸟：体羽褐色斑驳，具有深色的贯眼纹，嘴黑褐色，嘴端呈暗棕黄色。

习性 冬候鸟。常数十只至上百只结群在水面游泳，或栖息于沙洲、水岸。善在水中觅食、戏水和求偶交配。鸣声响亮、清脆。杂食性。

分布 秦岭海拔1500米以下的河流、湖泊和塘库。

斑嘴鸭 *Anas poecilorhyncha*

Spot-billed Duck

鸭科

形态特征 体长约60厘米。体羽深褐色。头色浅，头顶及眼线色深，喉及颊灰白色。嘴黑色，而嘴端呈黄色，在繁殖期嘴先端顶尖有一黑点。脚橙黄色。

习性 冬候鸟，部分为留鸟。喜结群活动。趾间有蹼，善于在水中觅食、戏水和求偶交配，但很少潜水。杂食性。繁殖期5～7月，营巢于河流岸边草丛或岩壁隙缝中。

分布 秦岭低海拔地区的河流、湖泊。

针尾鸭 *Anas acuta*

Northern Pintail

鸭科

形态特征 体长55厘米左右。雄鸟：头棕色，喉白色，两胁有灰色扇贝形纹，中央尾羽特长，翼镜铜绿色。雌鸟：体形较小，上体黑褐色，杂以黄白色斑纹，无翼镜，尾较雄鸟的短。

习性 过境鸟，部分为冬候鸟。迁徙季节和冬季喜结群活动。多活动在近岸边水域、开阔的沙滩和泥地上。主要以植物性食物为食。

分布 秦岭中低海拔地区的河流、湖泊和低洼湿地。

♂（摄影：陈旭）

♀（摄影：胡万新）

绿翅鸭 *Anas crecca*

Green-winged Teal

鸭科

形态特征 体长37厘米左右。绿色翼镜在飞行时特别显现。雄鸟：头部至颈部深栗色，头顶两侧从眼开始有一条宽阔的绿色带斑延伸至颈侧。尾下覆羽黑色，两侧有三角形的黄色斑。雌鸟：体羽褐色斑驳，腹部色淡。

习性 冬候鸟。结群活动于浅水处，以植物的种子和嫩叶、昆虫、软体动物和甲壳类等为食。

分布 秦岭海拔1600米以下的河流、湖泊。

凤头潜鸭 *Aythya fuligula*

Tufted Duck

鸭科

形态特征 体长40厘米左右。虹膜金黄色，嘴蓝灰色或铅灰色，嘴尖端黑色。雄鸟：体羽黑色，凤头明显，腹部及体侧白色。雌鸟：全身褐色，冠羽较短。

习性 冬候鸟。结群活动于河流、湖泊、塘库、沼泽及河口等开阔水面，善游泳和潜水，在水中觅食鱼、虾和蟹等。

分布 秦岭低海拔河流、湖泊。尤以汉江种群大、数量多。

鹊鸭 *Bucephala clangula*

Common Goldeneye

鸭科

形态特征 体长40厘米左右。雄鸟：头和上颈黑色、闪绿光，两颊近嘴基处各有一大的圆形白色斑。嘴黑色，眼金黄色。雌鸟：体形略小于雄鸟，嘴黑色、先端橙色，头和颈褐色，眼淡黄色。

习性 冬候鸟。常见几只至几十只栖息于流速缓慢的河流、湖泊和河口。主要以昆虫、小鱼及蛙等为食。

分布 秦岭低海拔较宽阔的河流、湖泊。汉江、渭河数量较多且常见。

斑头秋沙鸭 *Mergellus albellus*

Smew

鸭科

形态特征 体长约40厘米。雄鸟：体羽黑白色，颈部和冠羽白色，眼周和眼先黑色，枕部两侧黑色，中央白色。雌鸟：额、头顶一直到后颈栗色，颈侧、颏和喉白色。

习性 冬候鸟。成小群活动，栖息于宽阔的河流、湖泊。以鱼类、水生昆虫等为食，也取食水生植物的叶、芽和种子。

分布 汉江和渭河流域，尤以秦岭南坡的汉江较常见。

普通秋沙鸭 *Mergus merganser*

Common Merganser

鸭科

形态特征 体长约62厘米。嘴细长，带钩。虹膜褐色。嘴和脚红色。雄鸟：头、上颈和背部绿黑色，下体和体侧白色。雌鸟：头棕褐色，具有短冠羽，喉白色，上体深灰色，下体浅灰色。

习性 冬候鸟。常成小群栖息，也与其他鸭类混群活动。擅长潜水觅食，以鱼、虾和水生昆虫为食，也吃少量的水生植物。

分布 秦岭海拔1500米以下的河流、湖泊。

小䴙(pì)䴘(tī) *Tachybaptus ruficollis*

Little Grebe

䴙䴘科

形态特征 体长28厘米左右。虹膜黄色。繁殖羽（部分鸟类因求偶需要在繁殖期羽色特别鲜艳，称为繁殖羽）：上体褐色，下体偏灰，喉及前颈偏红，头顶及颈背深灰褐色，具有明显的黄色嘴斑。非繁殖羽：上体灰褐色，下体白色。

习性 留鸟。多单独或成对活动，有时也3～5只10余只的小群活动。飞行距离短而不高，休息时常漂浮于水面。潜水捕食各种小型鱼、虾等，偶尔以少量水生植物为食。繁殖期5～7月，营巢于水域岸边浅水处的水草丛中。

分布 秦岭低海拔河谷地带的湖泊、水塘、水渠、池塘和沼泽地带。

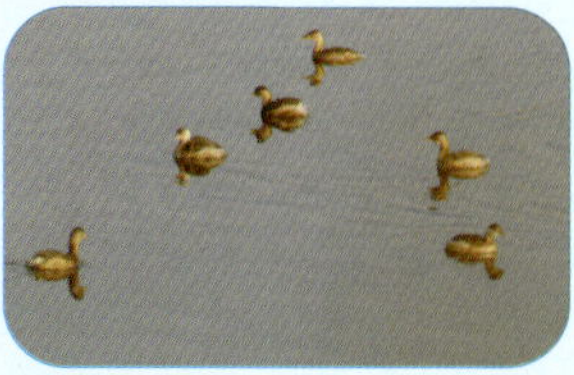

凤头䴙䴘 *Podiceps cristatus*

Great Crested Grebe

䴙䴘科

形态特征 体长约50厘米。颈修长，具有显著的黑色冠羽。上体灰褐色，下体近白色。虹膜近红色，嘴黄色，脚近黑色。

习性 冬候鸟。善游泳和潜水，单独或成小群活动于开阔的水面和长有芦苇、水草的湖泊中。主要以各种鱼类为食。

分布 秦岭低海拔河谷地带平缓的河流、湖泊和塘库。

斑林鸽 *Columba hodgsonii*

Speckled Wood Pigeon

鸠鸽科

形态特征 体长约38厘米。体羽灰褐色。头、颈灰色，颈部具有端环。翅上多具有白点。虹膜灰白色。

习性 留鸟。树栖性，多成小群活动，有时也成数十只的大群。主要以植物的果实和种子为食。繁殖期5～7月，营巢于茂密森林中的树上或悬崖峭壁的缝隙。

分布 秦岭西南部海拔1500～2500米的针叶林和针阔叶混交林。

山斑鸠 *Streptopelia orientalis*

Oriental Turtle Dove

鸠鸽科

形态特征 体长32厘米左右。体羽偏粉色，羽缘棕色。颈侧具有明显的黑白色条纹块状斑。上体具有深色扇贝斑纹，尾羽近黑色，尾梢浅灰色。下体偏粉色。虹膜和脚红色。

习性 留鸟。栖息于林缘地带，单独或成对活动于开阔农耕区、村落。以植物和农作物的种子为食。繁殖期4～7月，营巢于林中树上。

分布 秦岭海拔1200米以下的山地、丘陵。

灰斑鸠 *Streptopelia decaocto*

Eurasian Collared Dove

鸠鸽科

形态特征 体长约32厘米。体羽灰褐色。颈有黑白相间的半领环。翅上有蓝灰色斑块，尾羽尖端为白色。虹膜、眼睑红色。

习性 留鸟。多成小群活动于山地丘陵、平原区的树林、田野和村落园林。杂食性。繁殖期4～8月，营巢于树上或灌丛中。

分布 秦岭海拔1000米以下的地区广泛分布。

火斑鸠 *Streptopelia tranquebarica*

Red Turtle Dove

鸠鸽科

形态特征 体长23厘米左右。雄鸟：头、颈灰色，颈后有黑色颈环，其他体羽红褐色。雌鸟：通体灰褐色。

习性 夏候鸟（春季迁徙来到此地繁殖，秋季再向越冬区南迁的鸟类）。常单独或成对活动，有时也与山斑鸠、珠颈斑鸠混群活动，栖息于电线或高大的枯枝上。杂食性。繁殖期5～7月，营巢于林中乔木的低枝上。

分布 秦岭低海拔丘陵、平原。数量较少。

珠颈斑鸠 *Streptopelia chinensis*

Spotted Dove

鸠鸽科

形态特征 体长约30厘米。体羽粉褐色。上体大部分为褐色，头灰色，头侧、枕和颈粉红色，颈侧具有满是白点的黑色块斑。下体粉红色。虹膜橙红色，脚粉红色。

习性 留鸟。常单独或成对活动，有时亦与其他斑鸠混群。杂食性。繁殖期5～7月，营巢于小树枝杈上或灌丛中。

分布 秦岭海拔1200米以下的低山丘陵、平原、农田的林缘地带。

红翅绿鸠 *Treron sieboldii*

White-bellied Green-pigeon

鸠鸽科

形态特征 体长30厘米左右。头、颈及胸部黄绿色。腹部近白色，两侧及尾下覆羽具有灰斑。雄鸟：翅为紫红色，雌鸟：翅为淡绿色。虹膜红色，嘴淡蓝色，脚红色。

习性 留鸟。鸣叫声特别。常单独或成小群栖息于针叶林、针阔叶混交林及林缘耕地。以梾(lái)木、山樱桃等植物的浆果为食。繁殖期5～7月，营巢于沟谷河边的树上。

分布 秦岭海拔2000米以下的山地针叶林和针阔叶混交林。

普通夜鹰 *Caprimulgus indicus*

Indian Jungle Nightjar

夜鹰科

形态特征 体长约27厘米。通体暗褐色，具有杂斑，酷似树皮，是极佳的保护色。喉具有白斑，外侧尾羽具有白色斑纹，虹膜褐色，嘴偏黑色，脚趾具有黑白色横纹。

习性 夏候鸟。常在夜间活动，黄昏在空中飞捕昆虫，最为活跃，白天蹲伏在草地或树枝上。以昆虫为食。繁殖期5～6月，产卵于地面，不营巢。

分布 秦岭中低海拔地区多种森林生境。

（摄影：向定乾）

红翅凤头鹃 *Clamator coromandus*

Chestnut-winged Cuckoo

杜鹃科

形态特征 体长45厘米左右，雌雄相近。尾长。具有显眼的直立凤头，顶冠及凤头为黑色。颈圈白色。翅栗色，背及尾黑色，且带蓝色光泽。喉及胸橙褐色，腹部近白色。

习性 夏候鸟。多单独或成对活动，栖息于低山丘陵和山麓平原等开阔地带的疏林，攀行于林中捕食昆虫。繁殖期5～7月，寄生繁殖在画眉、黑脸噪鹛和鹊鸲（qú）的巢中。

分布 秦岭海拔1500米以下的山地丘陵。

（摄影：华英）

噪鹃 *Eudynamys scolopacea*

Common Koel

杜鹃科

形态特征 体长约42厘米。雄鸟：通体蓝黑色。雌鸟：全身满布白色斑点。虹膜红色，嘴浅绿色。

习性 夏候鸟。活动于居民点附近树木茂盛的地方，叫声特别。以植物的果实、种子和昆虫为食。繁殖期4～7月，在多种鸟类的巢中寄生产卵，由别的鸟代孵代育。

分布 秦岭海拔1500米以下的山地、丘陵、平原。比较常见。

小杜鹃 *Cuculus poliocephalus*

Lesser Cuckoo

杜鹃科

形态特征 体长约26厘米。上体灰色，头、颈及上胸浅灰色。下胸及下体余部白色，腹部具有黑色横斑。尾灰色，尾端具有白色窄边。雌鸟似雄鸟，但也有棕红色个体。眼圈黄色。

习性 夏候鸟。叫声为哨音的叠叫。常单独活动，尤以清晨、黄昏鸣叫频繁，主要以昆虫为食。寄生繁殖。繁殖期5～7月，寄生于柳莺、画眉科等鸟类的巢。

分布 秦岭海拔1500～3000米的针阔叶混交林和针叶林。

棕红色雌鸟（摄影：周勇）

大杜鹃 *Cuculus canorus*

Common Cuckoo

杜鹃科

形态特征 体长33厘米左右。上体灰色，腹白色，且具有黑色横斑，尾偏黑色，口腔上皮和舌为红色。虹膜、眼圈及脚为黄色。棕色型雌鸟上体棕色，背部具有黑色横斑。

习性 夏候鸟。栖息于山地平原较开阔的林地。主要以昆虫和螺类为食。繁殖期5～8月，以巢寄生的方式繁殖。

分布 秦岭海拔1500米以下的林缘地带常见。

普通秧鸡 *Rallus aquaticus*

Water Rail

秧鸡科

形态特征 体长28厘米左右。上体橄榄褐色，多黑色纵纹。脸灰色，两胁和尾下覆羽具有黑白色横斑，嘴近红色，虹膜和脚红色。

习性 夏候鸟。单独或成对活动于水域岸边及稻田湿地。以昆虫、小鱼、甲壳类及软体动物等为食。繁殖期5～7月，营巢于芦苇丛或水草丛中。

分布 秦岭海拔1200米以下的湿地。

白胸苦恶鸟 *Amaurornis phoenicurus*

White-breasted Waterhen

秧鸡科

形态特征 体长33厘米左右。头顶及上体灰黑色，脸、额、胸及上腹白色，下腹及尾下覆羽棕色。虹膜红色。嘴淡绿色，嘴基红色。脚黄色。

习性 夏候鸟。常单独或成对活动，在植物茂密处或水边草丛中觅食。杂食性。繁殖期4～7月，营巢于水域附近的灌丛和草丛。

分布 秦岭海拔1500米以下有水草的河流、塘库及稻田。

黑水鸡 *Gallinula chloropus*

Common Moorhen

秧鸡科

形态特征 体长31厘米左右。体羽黑色，两胁及尾下覆羽具有白斑。嘴基和额甲亮红色，嘴端黄色。虹膜红色。脚绿色。

习性 夏候鸟，秦岭南坡为留鸟。栖息于水生植物丰富的水域，善游泳和潜水，觅食时尾不停上翘。以水生植物、水生昆虫、小鱼、甲壳类和软体动物为食。春季繁殖，营巢于草丛或芦苇丛中。

分布 秦岭海拔1200米以下的河流和沼泽湿地。

白骨顶 *Fulica atra*

Common Coot

秧鸡科

形态特征 体长约40厘米。体羽黑色，仅嘴和额甲白色。虹膜红色。脚灰绿色。

习性 留鸟。栖息于水生植物较丰富的水域环境，常结群活动，善游泳和潜水。主要以小鱼、虾、水生昆虫和水生植物的叶、芽、果实及藻类为食。繁殖期5～7月，营巢于近水的草丛中。

分布 秦岭海拔1200米以下的各类水域。

鹮嘴鹬(yù) *Ibidorhyncha struthersii*

Ibisbill

鹮嘴鹬科

形态特征 体长约40厘米。上体灰色，下体白色。头部具有黑斑。胸带黑白色。嘴长而下弯，红色。腿红色。虹膜褐色。

习性 留鸟。栖息于多石、流速快的河流，常单独或成3～5只的小群活动。以昆虫、小鱼、虾和软体动物为食。繁殖期5～7月，营巢于河岸砾石间。

分布 秦岭中西部海拔1500米以下的河流。

黑翅长脚鹬 *Himantopus himantopus*

Black-winged Stilt

反嘴鹬科

形态特征 体形高挑、修长，体长约37厘米。体羽黑白色。细长的嘴黑色，头顶至背包括两翅在内都为黑色。下体白色。腿红色，修长。虹膜粉红色。

习性 过境鸟（迁徙途经此地或偏离正常迁徙路线经停此地的鸟类）。一般成小群活动于河流浅滩、塘库的浅水中或沼泽地带，行走缓慢，步履稳健、轻盈，姿态优美。

分布 在秦岭一般为迁徙过境，迁徙期常见于秦岭海拔1200米以下的河谷湿地。

（摄影：任文博）

反嘴鹬 *Recurvirostra avosetta*

Pied Avocet

反嘴鹬科

形态特征 体长约42厘米。体羽黑白色。嘴细长黑色，上翘。眼先、前额、头顶、枕和颈上部及翅上横纹、肩部条纹、翅尖为黑色。下体白色。腿长，灰色。

习性 过境鸟。常单独或成对活动和觅食，栖息时喜结群。主要以小型甲壳类、水生昆虫及蠕虫等为食。

分布 在秦岭一般为迁徙过境，冬春季常见于秦岭海拔1200米以下的河谷湿地。

（摄影：任文博）

凤头麦鸡 *Vanellus vanellus*

Northern Lapwing

鸻(héng)科

形态特征 体长30厘米左右。体羽黑白色。头顶具黑色反曲的长形冠羽。头侧及喉污白。胸及上体为黑紫色。腹白色。嘴黑色。

习性 冬候鸟。结群活动于河流、湖泊、水塘和沼泽等。以昆虫、小型甲壳类及蚯蚓等为食，也吃杂草的种子和植物的嫩叶。

分布 秦岭海拔1000米以下的河谷地带。

灰头麦鸡 *Vanellus cinereus*

Grey-headed Lapwing

鸻科

形态特征 体长35厘米左右。头及胸为灰色。翅及背为褐色，翅尖、胸带及尾部具有黑色横斑，腹白色。虹膜褐色。嘴黄色，具有黑端。脚黄色。

习性 过境鸟，部分为夏候鸟。栖息于河流滩涂、沼泽、湖畔、水塘及农田。秋季常见成大群活动。食性较杂。

分布 秦岭中东部海拔1500米以下的河谷地带。

金鸻 *Pluvialis fulva*

Pacific Golden Plover

鸻科

形态特征 体长约24厘米。雄鸟：上体密布金黄色点斑，下体黑色。一条白色带位于上下体之间，极为醒目。雌鸟：下体黑色部分不及雄鸟的多，且具有许多细白斑。

习性 过境鸟。常单独或成小群活动。栖息于河岸附近的稻田、水塘、沼泽及农田。以植物的种子、嫩芽、软体动物、甲壳类及昆虫为食。

分布 春季分布于秦岭海拔1200米以下的河谷、沼泽湿地。

长嘴剑鸻 *Charadrius placidus*

Long-billed Ringed Plover

鸻科

形态特征 体长22厘米左右。上体灰褐色。额、颊、喉、前颈白色，眉纹白色，耳羽黑褐色，贯眼纹灰褐色。嘴略长，全黑色。具有黑色的前顶横纹和全胸带，后颈的白色领环延至胸前，下体余部白色。

习性 留鸟，冬候鸟。栖息于塘库、河流岸边和沙滩，常单独或成小群活动。杂食性。繁殖期5～7月，营巢于卵石地上的凹坑。

分布 秦岭海拔1000米以下宽阔的河谷地带。

金眶鸻 *Charadrius dubius*

Little Ringed Plover

鸻科

形态特征 体长约16厘米。上体沙褐色，下体白色。眼眶金黄色。具有明显的白色领圈，其下是明显的黑色领圈。

习性 夏候鸟。一般单独或成对活动，栖息于河谷湿地。行走速度快，边走边觅食。杂食性。繁殖期5～7月，营巢于河心小岛及沙洲凹坑。

分布 秦岭海拔1000米以下的河流、湖泊和沼泽湿地。

彩鹬 *Rostratula benghalensis*

Greater Painted Snipe

彩鹬科

形态特征 体长25厘米左右，雌鸟比雄鸟色彩艳丽，尾短。雌鸟：头及胸深栗色，眼周白色，顶纹黄色；背及两翅偏绿色，背上具有白色的“V”形纹，并有白色条带绕肩至白色下体。雄鸟：小而色暗，翅上覆羽具有金色点斑，眼斑黄色。

习性 留鸟。栖息于生长有芦苇的水塘、沼泽、河渠及河滩草地、水稻田中。春季繁殖，营巢于浅水处芦苇或水草丛中。

分布 秦岭中东部低海拔河谷湿地。数量较少。

♀（摄影：陈旭）

♂

扇尾沙锥 *Gallinago gallinago*

Common Snipe

鹬科

形态特征 体长27厘米左右。脸皮黄色，顶冠纹和眉线黄白色，侧冠纹和贯眼纹黑褐色。上体具有白色及黑色斑纹，并有四道宽阔的黄白色纵带，外侧尾羽很宽。下体淡皮黄色，具有褐色纵纹。

习性 冬候鸟。栖息于多种水域环境，常单独或成3～5只的小群活动。觅食昆虫、小鱼及软体动物，也吃杂草的种子。

分布 秦岭海拔1100米以下的河谷湿地。

红脚鹬 *Tringa totanus*

Common Redshank

鹬科

形态特征 体长28厘米左右。上体褐灰色，具有黑褐色羽干纹。下体白色，胸具有褐色纵纹。脚细长，橙红色。嘴长且直，基部橙红色。

习性 冬候鸟。常单独或成小群活动于河流、滩涂和沼泽等。以甲壳类、软体动物和昆虫等为食。

分布 冬春季分布于秦岭低海拔河谷湿地。

青脚鹬 *Tringa nebularia*

Common Greenshank

鹬科

形态特征 体长33厘米左右。上体灰黑色，有黑色轴斑和白色羽缘。下体白色，前颈和胸部有黑色纵斑。嘴灰色，微上翘。腿长，近绿色。

习性 冬候鸟。常单独或成对在水边浅水处涉水觅食虾、蟹、小鱼、螺和水生昆虫，有时也进到齐腹的深水中觅食。

分布 广泛分布于秦岭低海拔湖泊、河流、水塘和沼泽地带。

白腰草鹬 *Tringa ochropus*

Green Sandpiper

鹬科

形态特征 体长23厘米左右。上体黑褐色，具有白色斑点。腰和尾白色，尾具有黑色横斑。下体白色，胸具有黑褐色纵纹。

习性 冬候鸟。常单独或成对在水域浅水处、砾石河岸、泥地、沙滩、水田和沼泽活动。以鱼、甲壳类、昆虫等为食。

分布 秦岭海拔1500米以下的河流、湖泊和沼泽湿地。

矶(jī)鹬 *Actitis hypoleucos*

Common Sandpiper

鹬科

形态特征 体长19厘米左右。体羽褐色及白色。上体黑褐色，具有白色眉纹和黑色过眼纹。下体白色，胸侧白色延伸入肩部。嘴、脚均较短，脚淡黄色。

习性 冬候鸟。单独、成对或成小群活动。主要以昆虫为食，也吃无脊椎动物和小鱼。

分布 秦岭海拔1500米以下的河流溪谷和沼泽湿地。

红嘴鸥 *Larus ridibundus*

Black-headed Gull

鸥科

形态特征 体长40厘米左右。体羽大部分为白色，虹膜褐色，翅尖黑色，嘴和脚为红色。夏羽：褐色的头罩延伸至头顶后。冬羽：眼后具有黑色点斑。

习性 冬候鸟。群居活动于河流、湖泊和塘库。主要以鱼、虾、昆虫、水生植物和人类丢弃的食物残渣为食。

分布 汉江、渭河及附近水面宽阔的水域。

普通燕鸥 *Sterna hirundo*

Common Tern

鸥科

形态特征 体长约35厘米。体羽灰白色。头顶黑色，背、肩和翅上覆羽灰色。下体、尾上覆羽及尾羽白色。深叉尾。虹膜褐色。冬季嘴黑色，夏季嘴基红色。脚偏红色。

习性 过境鸟。单独或成小群栖息于湖泊、河流、水塘和沼泽地带。飞翔于水域和沼泽上空发现并捕获水中鱼、虾和昆虫等。

分布 秦岭海拔1500米以下的水域环境。渭河流域多于汉江流域。

黑鹳(guàn) *Ciconia nigra*

Black Stork

鹳科

形态特征 大型涉禽（适于在浅水及沼泽地里涉水行走觅食的鸟类，具有嘴长、颈长、腿长的特征，大多不会游泳），体长100厘米左右。体羽黑色，胸、腹纯白色。嘴长而粗壮，红色。眼周裸露的皮肤为红色，腿为红色。亚成鸟头、颈和上胸为褐色，并具有棕褐色斑点。

习性 冬候鸟。栖息于河流、塘库和沼泽，性机警而胆小。以鱼类和螺类为食。

分布 冬春季见于渭河、汉江及其支流。

亚成鸟

普通鸬(lú)鹚(cí) *Phalacrocorax carbo*

Great Cormorant

鸬鹚科

形态特征 体长80厘米左右。雌雄羽色相近。体羽偏黑色。嘴长，呈锥状，先端具有锐钩，黑色。眼周和下嘴基裸露皮肤为黄色。脚全蹼。

习性 冬候鸟，部分为留鸟。常成群栖息于河流和湖泊，通过潜水捕食各种鱼类和甲壳类动物。

分布 秦岭海拔800米以下的河流、湖泊及塘库，尤以秦岭南坡汉江流域数量最多。

朱鹮（huán） *Nipponia nippon*

Crested Ibis

鹮科

形态特征 体长80厘米左右。额至面颊皮肤裸露，呈鲜红色。嘴长而下弯，端部红色。颈后饰羽长。羽色白中带红，繁殖期和夏季灰色较浓。飞行时翅下粉红色。

习性 留鸟。秋冬季结群活动，在河谷、湿地觅食。以小鱼、蟹、蛙和螺等水生动物为食。繁殖期2～6月，营巢于高大的乔木上。

分布 秦岭南坡海拔1200米以下的山地丘陵。

白琵鹭 (lù) *Platalea leucorodia*

White Spoonbill

鹮科

形态特征 体长85厘米左右。全身羽毛白色。嘴长而直，扁阔似琵琶，呈黑色，端部黄色。颈、腿较长，腿下部裸露处为黑色。

习性 冬候鸟。结群活动于河流、湖泊、水库岸边及其浅水处。

分布 渭河和汉江的河谷地带，渭河为其主要的越冬地。

大麻鳽(jiān) *Botaurus stellaris*

Eurasian Bittern

鹭科

形态特征 体长约75厘米。背黄褐色，具有黑褐色斑点。下体淡黄褐色，具有黑褐色纵纹。虹膜、嘴黄色，脚黄绿色。

习性 冬候鸟，越冬于秦岭。栖息于河流、湖泊、池塘的芦苇丛及沼泽。性隐蔽，常见站立不动，不易发现。主要以鱼、虾等为食。

分布 秦岭海拔1000米以下的河谷湿地。

夜鹭 *Nycticorax nycticorax*

Black-crowned Night Heron

鹭科

形态特征 体长约60厘米。头大，体胖，颈短。头顶至背部为黑色，枕部具有2条白色丝状羽。下体白色。虹膜红色（亚成鸟黄色），嘴黑色。亚成鸟（处于幼体及成体之间还未性成熟的鸟）具有褐色纵纹及点斑。

习性 夏候鸟，部分为留鸟。常在早晨、黄昏和夜间活动，白天结群隐藏于丛林中，或静立于河滩。主要以鱼、蛙、虾和水生昆虫为食。繁殖期5～7月，集群营巢于近水的丛林大树上。

分布 秦岭低海拔河谷地区，秦岭东部多于西部，秦岭南坡多于北坡。

亚成鸟

绿鹭 *Butorides striata*

Striated Heron

鹭科

形态特征 体长45厘米左右。体羽深灰色。头部黑色，有长冠羽。背灰绿色，背、肩具有青铜色矛状羽。眼先（鸟的眼睛及喙之间的区域）裸露的皮肤为黄绿色，虹膜黄色，嘴黑色，脚趾黄绿色。

习性 夏候鸟。单独活动于河流、池塘、稻田湿地及有树木、灌丛的河流岸边。以鱼、虾及水生昆虫和软体动物为食。繁殖期5～6月，集小群繁殖，营巢于近水处隐蔽的树冠。

分布 秦岭中东部分布较广，秦岭南坡数量较多，且为主要繁殖地。

池鹭 *Ardeola bacchus*

Chinese Pond Heron

鹭科

形态特征 体长约47厘米。头和颈栗红色，背羽紫黑色，尾及翅白色，嘴黄色，尖端为黑色。虹膜、脚和趾黄色。

习性 夏候鸟。单独或成小群在稻田、河流、塘库等沼泽湿地中行走、觅食。以鱼、虾等水生动物和昆虫为食，也吃植物性食物。繁殖期4～7月，结群营巢于近水域的丛林大树上，常与其他鹭类混群营巢繁殖。

分布 秦岭海拔1500米以下河谷地带广泛分布。

牛背鹭 *Bubulcus ibis*

Cattle Egret

鹭科

形态特征 体长50厘米左右。夏羽除头、颈和背中央饰羽为橙黄色外，其余为白色。冬羽全身白色，无饰羽。虹膜金黄色，嘴橙黄色，脚黑褐色。

习性 夏候鸟。单独、成对、小群或成数十只的大群活动。喜欢站在牛背上啄食牛背上的寄生虫，或跟随在耕田的牛后面啄食翻耕出来的昆虫。繁殖期4～7月，结群或与其他鹭类混群营巢于林中。

分布 秦岭低山地带的平原丘陵。

苍鹭 *Ardea cinerea*

Grey Heron

鹭科

形态特征 体长约90厘米。体羽灰白色。头、嘴、颈和脚均很长。位于头顶和枕部两侧细长的黑色羽毛形成冠羽。颈具有黑色纵纹。虹膜黄色。嘴黄绿色。

习性 夏候鸟，部分为留鸟。成小群活动，长时间在水边或浅水区站立不动，伺机捕食鱼、虾等。繁殖期4～7月，结群营巢于近水的大树上。

分布 秦岭海拔1000米以下广泛分布，数量较多。繁殖季节极常见。

大白鹭 *Ardea alba*

Great Egret

鹭科

形态特征 体长约95厘米。通体洁白。颈部具有“S”形特别的扭结。脸颊裸露皮肤为黄色（繁殖期蓝绿色），嘴黄（繁殖期黑色）而厚重，嘴裂直达眼后。腿、脚黑色，虹膜黄色。

习性 过境鸟。栖息于开阔的平原、山地丘陵地区的河流、湖泊、水田、塘库及沼泽。常在水边浅水区觅食昆虫、鱼和蛙等。

分布 秦岭海拔1000米以下的河谷地带。

白鹭 *Egretta garzetta*

Little Egret

鹭科

形态特征 体长约60厘米。体羽白色。虹膜黄色，嘴及腿黑色，趾黄色。繁殖羽纯白色，颈背具有细长的饰羽，背及胸具有蓑状羽。

习性 夏候鸟，部分为留鸟。常成大群或小群栖息、活动于河流、稻田、沼泽和池塘间。以鱼、蛙、虾及昆虫等为食。繁殖期5～7月，喜欢成群营巢于近水的树林，也常与其他鹭类混群营巢。

分布 秦岭海拔1000米以下的河谷、平原、丘陵。秦岭南坡河谷地带为其主要的繁殖地。

黑冠鹃隼(sǔn) *Aviceda leuphotes*

Black Baza

鹰科

形态特征 体长32厘米左右。上体蓝黑色，翅具有白斑。长的蓝黑色冠羽常直立头上，非常醒目。腹部具有深栗色横纹，喉部和颈部为黑色，上胸具有一个宽阔的星月形白斑。

习性 留鸟。常单独活动，有时也成3～5只小群。栖息于大树的高枝上，性机警且胆小。主要以昆虫为食，也吃蜥蜴、鼠类等。繁殖期5～7月，营巢于近河流的岸边大树上。

分布 秦岭中南部海拔1500米以下的山地、丘陵。

鹰雕 *Spizaetus nipalensis*

Mountain Hawk-Eagle

鹰科

形态特征 体长72厘米左右。头部具有长的黑色冠羽，上体褐色，尾羽上有宽阔的黑色和灰白色交错排列的横带，腹部密被淡褐色和白色交错排列的横斑，跗（fū）蹠（zhí）上被有羽毛。虹膜、脚和趾黄色。

习性 留鸟。主要以野兔、雉鸡和鼠类等为食。春季繁殖，营巢于山地森林中高大的乔木上。

分布 秦岭南坡针阔叶混交林带。

（摄影：华英）

凤头鹰 *Accipiter trivirgatus*

Crested Goshawk

鹰科

形态特征 体长42厘米左右。头部灰黑色，并具有短冠羽。上体暗褐色，翅及尾具有横斑。下体具有暗棕褐色与白色相间排列的横斑。虹膜黄色（幼鸟为褐色），嘴灰色，蜡膜黄色，腿及脚黄色。

习性 留鸟。栖息于林缘地带。捕食蛙类、蜥蜴、昆虫、鸟类和小型哺乳动物。繁殖期4～7月，营巢于针叶林或阔叶林中高大的树上。

分布 秦岭西部南坡海拔2000米以下的生境。

赤腹鹰 *Accipiter soloensis*

Chinese Goshawk

鹰科

形态特征 体长约32厘米，似鸽子。上体蓝灰色。胸及两胁粉色，腹部及尾下白色。蜡膜和脚橘黄色，虹膜褐色或黄色。

习性 夏候鸟。常单独活动，休息时多停息在高枝上。主要以蛙、蜥蜴等为食，也吃小型鸟类、鼠类和昆虫。繁殖期5～6月，营巢于树冠下。

分布 秦岭海拔1600米以下的山地、丘陵。秦岭南坡是主要分布区。

松雀鹰 *Accipiter virgatus*

Besra Sparrow Hawk

鹰科

形态特征 体长33厘米左右。雄鸟：上体深灰色，尾具有粗横斑；下体白色，具有褐色横斑，喉白色，具有黑色喉中线。雌鸟：个体较大，上体暗褐色，下体白色，具有棕褐色横斑。虹膜、腿及脚黄色，嘴黑色。

习性 留鸟。常单独活动，主要捕食鼠类、小型鸟类和昆虫等动物。繁殖期5～7月，营巢于高大乔木上。

分布 秦岭中部海拔2800米以下的生境，尤以秦岭南坡数量较多。

雀鹰 *Accipiter nisus*

Eurasian Sparrow Hawk

鹰科

形态特征 体长35厘米左右，雌鸟的体形较雄鸟的大。雄鸟：上体褐灰色，白色的下体多具有棕色横斑，尾具有横带。雌鸟：上体褐色，白色的下体具有灰褐色横斑，头后杂有少许白色。虹膜和脚黄色，嘴灰色、尖端黑色。

习性 秦岭东部为冬候鸟，秦岭西部为留鸟。栖息于多种有林环境，常白天单独活动。主要以雀形目鸟类、昆虫和鼠类为食。繁殖期5～7月，喜在高山幼树上筑巢。

分布 秦岭地区广泛分布。

♂

♀

苍鹰 *Accipiter gentilis*

Northern Goshawk

鹰科

形态特征 体长56厘米左右。具有白色的宽眉纹，虹膜红色（幼鸟黄色），嘴灰色，脚黄色。雄鸟：上体青灰色，下体白色，具有粉褐色横斑。耳羽黑色。雌鸟：与雄鸟相近，羽色较暗，体形比雄鸟大。幼鸟上体褐色浓重，羽缘色浅，呈鳞状纹，下体具有偏黑色粗纵纹，尾羽具有暗褐色横斑。

习性 夏候鸟。栖息于疏林、林缘和灌丛地带，很少在空中翱翔，飞行快而灵活。主要捕食鸽子等鸟类和野兔等。营巢于密林僻静处较高的大树上。

分布 秦岭西部中低海拔的山地森林和丘陵。

亚成鸟

（摄影：胡万新）

灰脸鵟(kuáng)鹰 *Butastur indicus*

Grey-faced Buzzard

鹰科

形态特征 体长44厘米左右。上体棕褐色，脸颊灰色，尾上覆羽白色，具有暗褐色横斑。下体具有棕色横斑，颏、喉白色。虹膜黄色，嘴黑色，蜡膜黄色，脚黄色。

习性 冬候鸟。栖息于阔叶林、针阔叶混交林以及针叶林。捕食小型蛇类、蛙、蜥蜴、鼠类和小型鸟类等。

分布 多见于秦岭低海拔山地丘陵及河谷地带。

普通鵟 *Buteo buteo*

Common Buzzard

鹰科

形态特征 体长55厘米左右。上体主要为暗褐色，脸侧皮黄色具有近红色细纹，栗色的髭纹显著。下体偏白色，具有棕色纵纹，鼻孔的位置与嘴裂平行。嘴灰色。虹膜、蜡膜和脚黄色。

习性 留鸟。栖息于山地森林和林缘地带，喜在开阔的耕作区、林缘草地和村庄上空盘旋翱翔。视觉敏锐机警。主要以鼠类为食，也捕食两栖类、家禽和其他小型兽类。

分布 冬春季秦岭南坡中低海拔区域常见。

红角鸮(xiāo) *Otus sunia*

Oriental Scops Owl

鸱(chī)鸮科

形态特征 体长20厘米左右，雌雄相近。体羽呈褐色斑驳。面盘灰褐色，领圈淡棕色。耳羽基部棕色。虹膜黄色，嘴灰色。

习性 夏候鸟。夜行性，栖息于有树丛的开阔地带。飞行迅速，视听能力极强，能在林间无声地穿梭。以昆虫、鼠类、小型鸟类为食。繁殖期5～8月，营巢于树洞或岩石缝隙。

分布 秦岭海拔1000米以下的山地、丘陵及平原。

雕鸮 *Bubo bubo*

Eurasian Eagle-owl

鸱鸮科

形态特征 中国鸮类中体形最大的一种，体长75厘米左右。体羽黄褐色，具有黑色斑点和纵纹。耳羽长而显著。喉白色，腹具有细小的黑色横斑。虹膜金黄色或橙色。

习性 留鸟。夜行性，常贴地低空飞行。主要以各种鼠类为食，也捕食兔类、蛙类、刺猬、昆虫、雏鸡和其他鸟类。繁殖期3～6月，通常于树洞、悬崖峭壁下的凹处产卵。

分布 广泛分布于秦岭地区各种森林生境。比较常见。

黄腿渔鸮 *Ketupa flavipes*

Tawny Fish Owl

鸱鸮科

形态特征 体长约60厘米，雌雄羽色相近。具有耳羽簇和蓬松的白色喉斑。眼黄色。上体棕黄色，具有醒目的深褐色纵纹。下体橙棕色，纵纹稀疏。脚无被羽。

习性 留鸟。昼夜活动，常在溪流边捕食，喜食鱼类。繁殖期从11月到翌年2月，营巢于岩壁或大树上。

分布 秦岭海拔1500米以下的山区茂密森林的溪流畔。

领鸺(xiū)鹠(liú) *Glaucidium brodiei*

Collared Owlet

鸱鸮科

形态特征 中国最小的鸮类，体长15厘米左右。面盘不显著，无耳羽簇。上体灰褐色，且具有浅橙黄色横斑，颈背有橘黄色和黑色的“假眼”。喉有一栗色斑，两胁有宽阔的棕褐色纵纹和横斑。下体白色。

习性 留鸟。多在白天活动，叫声独特。主要以昆虫和鼠类为食，也捕食鸟类和其他小型动物。繁殖期3～7月末，营巢于树洞和天然洞穴中。

分布 秦岭海拔800～3000米的山地森林及林缘灌丛地带。

斑头鸺鹠

Glaucidium cuculoides

Asian Barred Owlet

鸱鸮科

形态特征 体长约24厘米，雌雄相近。体羽为褐色，密布狭窄的棕、白色横斑。腹部白色。喉部具有两个显著的白色斑，肩部有一道白色线条。

习性 留鸟。单独或成对活动，多在白天活动和觅食。不但能在空中捕捉小型鸟类和大型昆虫，也能捕食鼠类、蛙类、蜥蜴等。繁殖期3～6月，营巢于树洞或天然洞穴中。

分布 秦岭海拔2000米以下的各种森林生境广泛分布。

纵纹腹小鸮 *Athene noctua*

Little Owl

鸱鸮科

形态特征 体长23厘米左右。无耳羽簇。头顶平。浅色的平眉及宽阔的白色髭（zī）纹，使其看似面目狰狞。上体褐色，具有白色纵纹及点斑。下体白色，具有褐色杂斑及纵纹。虹膜亮黄色，嘴黄色，脚白色、被羽。

习性 留鸟。捕食昆虫、蚯蚓、两栖动物及小型的鸟类和哺乳动物。繁殖期5～7月，常营巢于悬崖的缝隙、岩洞及废弃建筑物的洞穴中。

分布 秦岭低山丘陵、林缘灌丛和平原有林地带。

鹰鸮 *Ninox scutulata*

Brown Hawk-Owl

鸱鸮科

形态特征 体长30厘米左右，雌雄相近。外表似鹰，面盘无明显特征。上体暗棕褐色。前额为白色，肩部有白色斑。虹膜亮黄色，嘴蓝灰色，蜡膜绿色，脚黄色。

习性 夏候鸟。在黄昏和晚上活动，白天栖息于树冠层。主要以鼠类、鸟类和昆虫等为食。繁殖期5～7月，营巢于树洞。

分布 秦岭海拔1500米以下的各种森林生境。

（摄影：华英）

短耳鸮 *Asio flammeus*

Short-eared Owl

鸱鸮科

形态特征 体长36厘米左右。面盘显著，短小的耳羽簇不外露。上体黄褐色，满布黑色和皮黄色纵纹。下体皮黄色，具有深褐色纵纹。虹膜黄色，眼周具有黑色眼影，嘴深灰色，脚灰白色。

习性 冬候鸟，在秦岭地区越冬。栖息、活动于开阔地带，多潜伏于草丛之中，常贴地面飞行。主要以鼠类为食，也捕食小型鸟类、蜥蜴和昆虫等。

分布 秦岭海拔1500米以下的低山丘陵和平原、河谷地带。

戴胜 *Upupa epops*

Eurasian Hoopoe

戴胜科

形态特征 体长约30厘米。粉棕色丝状冠羽，且顶端有黑斑，张开似折扇。嘴极为细长，并向下弯曲。头为棕红色或粉红色，上背和肩灰棕色，上胸葡萄棕色，腹白色而夹杂有褐色纵纹，两翅及尾具有黑白相间的条纹。

习性 夏候鸟。喜在开阔潮湿的地面翻动寻找虫类。繁殖期5～6月，在树洞、岩缝、堤岸洼坑及断墙残垣的窟窿中筑巢繁殖。

分布 秦岭各种地貌类型的开阔地带，尤以林缘耕地生境较为常见。

三宝鸟 *Eurystomus orientalis*

Dollarbird

佛法僧科

形态特征 体长30厘米左右。通体蓝绿色。嘴大而宽阔，红色。脚红色。雌鸟的羽色较雄鸟暗淡，没有雄鸟的鲜亮。

习性 夏候鸟。栖息于针阔叶混交林、阔叶林林缘及河谷两岸高大的树木上。一般飞翔捕食昆虫。繁殖期5～8月，常占用喜鹊等鸟的巢繁殖。

分布 秦岭海拔1200米以下的林缘、河谷地带。

蓝翡翠 *Halcyon pileata*

Black-capped Kingfisher

翠鸟科

形态特征 体长30厘米左右。头黑色，白色领环。上体蓝紫色。颏和喉白色。下体其余部分均为棕黄色。嘴红色、粗长，嘴峰直，基部较宽。脚红色。

习性 夏候鸟。常单独或成对停息在水域附近的电线杆和树木枝桠上伺机捕取食物，受惊时尖声大叫。以鱼、虾、螃蟹和昆虫为食。繁殖期5～7月，在近水域的土崖壁或堤坝上用嘴挖掘隧道式的洞穴为巢。

分布 秦岭海拔1200米以下的水域生境广泛分布。

普通翠鸟 *Alcedo atthis*

Common Kingfisher

翠鸟科

形态特征 体形小，体长15厘米左右。上体浅蓝绿金属色，颈侧具有白色点斑。颏白色。下体橙棕色。脚红色。雄鸟嘴黑色，雌鸟下嘴橘黄色。

习性 留鸟。常单独活动，栖息于林区溪流、河谷、水塘和水田的岸边。以小型鱼类等为食。繁殖期5～8月，在水域岸边或附近陡直的土岩、沙岩壁上掘洞为巢。

分布 秦岭中低海拔地区各种水域生境。

冠鱼狗 *Megaceryle lugubris*

Crested Kingfisher

翠鸟科

形态特征 中国体形最大的翠鸟，体长40厘米左右。冠羽发达，黑色，具有白色斑点。嘴粗直，黑色。头大，颈短。上体青黑色，并多具有白色横斑和点斑，大块的白斑由颊区延至颈侧，下有黑色髭纹，尾及翅短圆。下体白色，胸部具有黑色的斑纹。两胁具有皮黄色横斑。

习性 留鸟。栖息于河流、湖泊和塘库等，飞行时发出尖厉刺耳的叫声。从高处捕食鱼类、虾、蟹、水生昆虫及蝌蚪等。繁殖期2～8月，在水域附近的堤岸上用嘴挖掘隧道式的洞穴为巢。

分布 秦岭海拔1500米以下的各种水域生境。

斑姬啄木鸟 *Picumnus innominatus*

Speckled Piculet

啄木鸟科

形态特征 体长约10厘米。似山雀，上体绿色，下体多黑点。头顶栗色，脸及尾部具有黑白色纹。雄鸟头顶前部为橙红色。

习性 留鸟。喜在开阔的疏林、竹林和林缘灌丛活动。觅食时持续发出轻微的叩击声。主要以蚂蚁、甲虫和其他昆虫为食。繁殖期4～7月，营巢于树洞中。

分布 秦岭海拔2000米以下的各种森林生境。

♂（摄影：周勇）

星头啄木鸟 *Dendrocopos canicapillus*

Grey-capped Woodpecker

啄木鸟科

形态特征 体长约15厘米。额至头顶灰色或灰褐色，宽阔的白色眉纹自眼后延伸至颈侧。上体黑色，下背至腰和两翅呈黑白斑杂状，下体具有黑色纵纹。雄鸟枕部两侧具有深红色斑。

习性 留鸟。常单独或成对活动，多在树中上部活动和啄食，偶尔也到地面在倒木上取食。繁殖期4～6月，营巢于腐朽的树干。

分布 秦岭海拔2500米以下的各种有林生境。数量较多。

♀

赤胸啄木鸟 *Dendrocopos cathpharius*

Crimson-breasted Woodpecker

啄木鸟科

形态特征 体长约18厘米。体羽黑白色，具有宽的白色翅斑。胸部具有红色斑块，臀红色。雄鸟：枕部红色。雌鸟：枕部黑色。

习性 留鸟。除繁殖期成对外，多单独活动。主要在树干啄食昆虫。繁殖期4～5月，营巢于树洞。

分布 秦岭南坡常绿阔叶林、落叶阔叶林和针阔叶混交林。

白背啄木鸟 *Dendrocopos leucotos*

White-backed Woodpecker

啄木鸟科

形态特征 体长25厘米左右。体羽黑白色，额白色，下背白色，两翅及外侧尾羽有白点斑。下体具有黑色纵纹，臀部红色。雄鸟：头顶部全红色。雌鸟：头顶部黑色。

习性 留鸟。常单独或成对活动，沿树干从下往上攀援觅食。主要以昆虫为食，也吃小型无脊椎动物，秋冬季也取食植物的果实和种子。繁殖期4～6月，啄洞营巢。

分布 秦岭南坡海拔800～2000米的阔叶林、针阔叶混交林和针叶林中，也见于次生林和林缘地带。

大斑啄木鸟 *Dendrocopos major*

Great Spotted Woodpecker

啄木鸟科

形态特征 体长23厘米左右。上体羽色黑白相间，雄鸟枕部红色（雌鸟无）。雌、雄鸟臀均为红色，下体其他部位为灰白色。

习性 留鸟。常单独或成对活动，繁殖后期则成松散的家族群活动。多在树干和粗枝上啄食昆虫等。繁殖期4～5月，营巢于树洞。

分布 秦岭各种森林生境广泛分布。

灰头绿啄木鸟 *Picus canus*

Grey-headed Woodpecker

啄木鸟科

形态特征 体长27厘米左右。上体绿色，下体灰色。雄鸟额部和顶部为红色，雌鸟为灰色。枕部灰色，具有黑纹。

习性 留鸟。常单独或成对活动，飞行迅速，呈波浪式前进。在树干、倒木和地面上啄食昆虫，偶尔也吃植物的果实和种子。繁殖期4～6月，营巢于树洞。

分布 秦岭海拔1500米以下的各种有林生境，尤以低海拔林缘地带数量最多。

红隼(sǔn) *Falco tinnunculus*

Common Kestrel

隼科

形态特征 体长约33厘米。头顶及颈背为灰色，眼下有一条垂直向下的黑色口角髭纹。雄鸟：上体赤褐色，具有黑色斑点。雌鸟：体形略大，上体全褐色。

习性 留鸟。常单独活动，傍晚活动频繁。俯冲捕捉地面上活动的老鼠，也可在空中捕食小型鸟类及昆虫。繁殖期5～7月，营巢于悬崖、山坡岩石缝隙、土洞及树洞，也利用喜鹊等的旧巢。

分布 秦岭海拔1500米以下广泛分布，尤以低山丘陵、河谷常见。

红脚隼 *Falco amurensis*

Amur Falcon

隼科

形态特征 体长31厘米左右。通体灰色。雄鸟：腹、臀棕色。雌鸟：胸部具有醒目的黑色纵纹，腹部具有黑色横斑。眼周和蜡膜橙黄色，脚红色。

习性 夏候鸟。常单独活动，多在黄昏后捕食昆虫、小型鸟类及鼠类等。

分布 秦岭海拔1000米以下的山地、丘陵及平原。

（摄影：华英）

黑枕黄鹂 *Oriolus chinensis*

Black-naped Oriole

黄鹂科

形态特征 体长25厘米左右。体羽金黄色，两翅和尾为黑色。头枕部有一宽阔的黑色带斑向两侧延伸，并和黑色贯眼纹相连，形成了一条围绕头顶的黑带。虹膜红色。嘴粉红色。

习性 夏候鸟。繁殖期间喜欢隐匿在树冠层的枝叶丛中鸣叫，叫声清脆婉转，清晨鸣叫最为频繁。繁殖期5～7月，营巢于阔叶林的大树上。

分布 秦岭海拔1000米以下的低山丘陵和山脚平原。

淡绿鵙(jú)鹛 *Pteruthius xanthochlorus*

Green Shrike Babbler

莺雀科

形态特征 体长约12厘米。体形粗壮。体羽橄榄绿色。顶冠及颈背灰色，眼圈白色，喉及胸偏灰，腹、臀及翅线黄色。嘴粗厚，黑色。

习性 留鸟。常与山雀、鹛及柳莺混群活动。繁殖期4～8月。

分布 秦岭海拔700米以上的针阔叶混交林及针叶林。

暗灰鹃䴗 *Coracina melaschistos*

Black-winged Cuckoo-shrike

山椒鸟科

形态特征 体长22厘米左右。雄鸟：上体青灰色，翅亮黑色，尾羽黑色，尾下覆羽白色。雌鸟：体羽色浅，下体及耳羽具有白色横斑。虹膜红褐色，嘴黑色。

习性 夏候鸟。栖息于山地丘陵和平原的各种森林生境。杂食性。繁殖期5～7月，营巢于高大乔木树冠层较隐蔽的水平枝杈上。

分布 秦岭海拔2000米以下的山地、平原及丘陵的有林地带。

小灰山椒鸟 *Pericrocotus cantonensis*

Swinhoe's Minivet

山椒鸟科

形态特征 体长18厘米左右。上体灰黑色，下体白色。雄鸟：额和头顶前部为白色，颈、背灰色较浓，具有醒目的白色翅斑。雌鸟：似雄鸟，但上体褐色较浓，有时无白色翅斑。

习性 夏候鸟。单独、成对或成小群活动于阔叶林、针阔叶混交林及庭院、村落、疏林地的大树。主要以昆虫为食。繁殖期5～7月，营巢于大树的侧枝上。

分布 秦岭海拔1500米以下的山地、丘陵。

长尾山椒鸟 *Pericrocotus ethologus*

Long-tailed Minivet

山椒鸟科

形态特征 体长19厘米左右。体羽色彩鲜艳。雄鸟：体羽黑色、红色，翅具有红色斑纹，喉黑色，下体红色。雌鸟：体羽灰黄色，喉和下体黄色。

习性 夏候鸟。常成3～5只的小群活动，秋季则成大群活动，在开阔的高大树木及常绿林的树冠上空盘旋降落。以昆虫为食。繁殖期5～7月，营巢于乔木上。

分布 秦岭海拔800米以上的针叶林、针阔叶混交林和阔叶林。

♂

♀

黑卷尾 *Dicrurus macrocercus*

Black Drongo

卷尾科

形态特征 体长约30厘米。通体黑色，上体、胸及尾羽具有辉蓝色光泽，尾羽末端呈深叉状。虹膜棕红色。

习性 夏候鸟。喜在林缘和疏林地带活动。在空中飞行捕食昆虫。繁殖期6～7月，营巢于树冠的细枝梢端分杈处。

分布 秦岭海拔1000米以下的山地、丘陵和平原。

灰卷尾 *Dicrurus leucophaeus*

Ashy Drongo

卷尾科

形态特征 体长28厘米左右。通体暗灰色，鼻羽和前额黑色，眼先及头两侧为纯白色，尾长而分叉。虹膜橙红色，嘴、脚黑色。

习性 夏候鸟。栖息于开阔林地及林缘，常停栖于树枝俯冲捕捉飞行中的猎物。以昆虫为食，也吃植物的种子。繁殖期6～7月，营巢于高大乔木的树冠枝杈间。

分布 秦岭海拔2000米以下的山地、丘陵和平原。

发冠卷尾 *Dicrurus hottentottus*

Hair-crested Drongo

卷尾科

形态特征 体长30厘米左右。通体黑色，并具有蓝绿色的金属光泽。额部具有发丝状冠羽，披向后颈。外侧尾羽末端向上卷曲。嘴峰稍曲，先端具钩，嘴须明显。

习性 夏候鸟。单独或成对活动，栖息于多种森林生境。主要在树冠层活动和觅食，善于在空中飞行捕捉昆虫。繁殖期5～7月，营巢于高大乔木顶端的枝杈上。

分布 秦岭海拔1500米以下的低山、丘陵。

寿带 *Terpsiphone paradisi*

Asian Paradise Flycatcher

王鹟（wēng）科

形态特征 雄鸟：有白色和栗色两种。体长45厘米左右，尾羽长为身体的四倍左右。栗色型上体背部以下均为栗色（白色型为白色），下体胸、腹和臀灰白色（白色型为白色）。雌鸟：体长22厘米左右，与栗色型雄鸟体色相似。雌、雄鸟的头、颈和冠羽均为深蓝色，眼圈淡蓝色，冠羽显著。嘴和脚蓝色。

习性 夏候鸟。常单独或成对活动，飞行缓慢，长尾摇曳，飘逸优雅，一般不做长距离飞行。在空中捕食昆虫。繁殖期5～7月，在近水阔叶林中的树枝杈或林下小树枝杈上营巢。

分布 主要分布于秦岭南坡海拔1200米以下低山丘陵和山脚平原地带。

虎纹伯劳 *Lanius tigrinus*

Tiger Shrike

伯劳科

形态特征 体长19厘米左右。雄鸟：头顶至颈背青灰色。宽阔的黑色过眼纹自前额基部、眼先向后经头侧过眼达于耳区，肩、背至尾上覆羽具有黑色鳞状斑。胸、腹白色，胁部具有不清晰的鳞状斑。雌鸟：前额基部黑色较小，胁部有明显的黑褐色鳞状斑。

习性 夏候鸟。性凶猛，多栖息于林缘地带。主要以昆虫为食。繁殖期5~7月，营巢于阔叶树和灌丛。

分布 秦岭海拔1100米以下的山地、平原和丘陵均有分布。

牛头伯劳 *Lanius bucephalus*

Bull-headed Shrike

伯劳科

形态特征 体长约19厘米。头顶褐色。雄鸟：过眼纹黑色，眉纹白色，背灰褐色。下体偏白，略有黑色横斑，两胁沾棕。雌鸟：褐色较重，具有棕褐色耳羽。

习性 冬候鸟，秦岭西部部分为留鸟。主要以昆虫为食。繁殖期5～7月，营巢于树杈。

分布 秦岭中低海拔的山地稀疏阔叶林或针阔叶混交林的林缘地带。

红尾伯劳 *Lanius cristatus*

Brown Shrike

伯劳科

形态特征 体长19厘米左右，雌雄相近。上体棕褐色或灰褐色，两翅黑褐色，头顶灰色或红棕色，喉、眉纹白色，具有宽的黑色贯眼纹。尾上覆羽红棕色，尾呈楔形。其余下体棕白色。

习性 夏候鸟。常单独或成对活动。杂食性。繁殖期5～7月，营巢于幼树和灌木上。

分布 广泛分布于秦岭海拔1200米以下的山地、丘陵和平原。

棕背伯劳 *Lanius schach*

Long-tailed Shrike

伯劳科

形态特征 体长25厘米左右，雌雄相近。自前额、眼先、眼周和耳羽有一条宽阔的黑色贯眼纹。头顶至上背灰色，下背、肩、腰和尾上覆羽棕色，两胁和尾下覆羽棕红色或浅棕色。

习性 留鸟。除繁殖期成对活动外，多单独活动。繁殖期4～7月，营巢于树上或较高的灌木上。

分布 主要分布在秦岭低山丘陵或山脚平原地区的次生阔叶林和针阔叶混交林的林缘地带，有时也分布于田园、村落。

灰背伯劳 *Lanius tephronotus*

Grey-backed Shrike

伯劳科

形态特征 体长约25厘米，雌雄相近。额基、眼先、眼周至耳羽黑色，额、喉白色。头顶至下背暗灰色，腰羽至尾上覆羽棕色。胸腹部白中带棕。

习性 夏候鸟。栖息于疏林地带、农田及农舍附近。主要以昆虫为食，也吃鼠类、小鱼和杂草。繁殖期5～7月，营巢于阔叶树或灌木上。

分布 主要分布在秦岭中西部海拔1500米以下的山地、丘陵和平原。

松鸦 *Garrulus glandarius*

Eurasian Jay

鸦科

形态特征 体长35厘米左右。体羽粉褐色。髭纹和眼圈黑色。两翅具有黑、白、蓝三色相间的横斑。嘴灰色，脚浅棕色。

习性 留鸟。除繁殖期成对活动外，多成小群活动。杂食性。繁殖期4～7月，常营巢于高大乔木顶端较为隐蔽的枝杈处。

分布 秦岭地区各种海拔高度的有林生境。

灰喜鹊 *Cyanopica cyanus*

Azure-winged Magpie

鸦科

形态特征 体长35厘米左右。体羽灰色，形似喜鹊，但体形细长。顶冠黑色，两翅及尾蓝色。下体灰白色。

习性 留鸟。多成群活动于开阔松林、阔叶林及城镇园林。性凶猛，极具攻击性。杂食性。繁殖期5～7月，营巢于次生林和人工林。

分布 秦岭中东部以北海拔1000米以下的人类活动区。

红嘴蓝鹊 *Urocissa erythrorhyncha*

Red-billed Blue Magpie

鸦科

形态特征 体长约65厘米。头黑色，但头顶至后颈具有灰白色斑。其余上体蓝色，下体白色。虹膜、嘴及脚为红色。尾长。

习性 留鸟。性喧闹、凶悍，常成小群活动。以昆虫、小型鸟类及卵、小型爬行类、鼠类等及其尸体为食，也吃植物的果实和种子。繁殖期5～7月，营巢于树木侧枝。

分布 秦岭地区常见，各种森林生境广泛分布。

喜鹊 *Pica pica*

Common Magpie

鸦科

形态特征 体长43厘米左右。体羽大部分为黑色，并具有光泽，仅肩部和腹部为白色。尾长，呈楔形。

习性 留鸟。多栖息于人类活动区。杂食性。繁殖期3～5月，营巢于高大的乔木上，有时也在电线杆上筑巢。

分布 秦岭低海拔地区有人类活动的区域。

星鸦 *Nucifraga caryocatactes*

Spotted Nutcracker

鸦科

形态特征 体长33厘米左右。体羽褐色，密布白色点斑。尾下覆羽白色，外侧尾羽具有宽的白色端斑，飞翔时非常醒目。

习性 留鸟。常单独或成对活动，偶成小群。以松子为食，有收集松子并储藏在树洞里和树根底下以备冬天食用的习性。繁殖期4～7月，营巢于针叶树上。

分布 常见于秦岭中高海拔地区的针叶林和针阔叶混交林。

白颈鸦 *Corvus pectoralis*

Collared Crow

鸦科

形态特征 体长48厘米左右。除颈后、上背、颈侧及前胸为白色并形成颈圈外，其余部分均为黑色。嘴粗厚。

习性 留鸟。单独或成群活动，觅食于田野。杂食性。繁殖期3～6月，营巢于高大乔木或崖洞内。

分布 秦岭海拔2500米以下的开阔地带，尤以耕地、城镇、村落和河谷地带数量多。

大嘴乌鸦 *Corvus macrorhynchos*

Large-billed Crow

鸦科

形态特征 体长50厘米左右。通体纯黑色，背、翅及尾带有蓝绿色光泽。头顶显拱圆形。嘴粗大，嘴峰弯曲，峰嵴明显，嘴基有长羽，额较陡突。尾圆。

习性 留鸟。栖息于多种环境，除繁殖期外多成小群活动。杂食性。繁殖期5～6月，营巢于高大的乔木上。

分布 广泛分布于秦岭各种森林和人类居住、生活的环境。

方尾鹟 *Culicicapa ceylonensis*

Grey-headed Canary Flycacher

玉鹟科

形态特征 体长13厘米左右。头偏灰色，具有蓬松而不显著的冠羽。眼眶黄白色。颈背灰色，上体颈背以下橄榄绿色，具有黑色纵纹。胸灰色，较淡，腹部黄色。

习性 夏候鸟。栖息于森林的底层或中层。性喧闹，在树枝间跳跃、捕食过往的昆虫。春季繁殖。

分布 秦岭南坡海拔1000～1600米的针阔叶混交林和阔叶林。

火冠雀 *Cephalopyrus flammiceps*

Fire-capped Tit

山雀科

形态特征 体长9厘米左右。体羽暗黄色。雄鸟：前额及喉部为火红色，喉侧及胸黄色，翅斑黄色。雌鸟：色暗、翅斑黄色。

习性 留鸟。喜群栖活动，在树冠层取食。以昆虫和植物的芽、叶、花、花粉和汁液为食。繁殖期4～6月，营巢在树杈或树洞里。

分布 秦岭中南部海拔2000米以下的有林地带。

黑冠山雀 *Parus rubidiventris*

Rufous-vented Tit

山雀科

形态特征 体长约12厘米。黑色的冠羽明显。喉、胸和颈背黑色，脸颊白色。背及翅灰色，无翅斑。腹灰色，臀棕色。

习性 留鸟。成对或成小群活动于针叶林、针阔叶混交林、竹林或灌丛，也常加入混合鸟群活动。主要以昆虫为食。繁殖期5～7月，营巢于针叶树基部。

分布 秦岭中西部海拔2000米以上的林区。

煤山雀 *Parus ater*

Coal Tit

山雀科

形态特征 体长11厘米左右。头顶、颈侧、喉及上胸黑色，具有尖状的黑色冠羽。背和翅灰褐色，具有两道白色翅斑。两颊各有一大块白斑。腹偏白色。

习性 留鸟。常与其他山雀混群活动。在枝头跳跃，在树皮上剥啄昆虫，也吃少量的小型无脊椎动物和植物性食物。繁殖期3～5月，营巢于天然树洞中。

分布 秦岭地区各种森林生境。

黄腹山雀 *Parus venustulus*

Yellow-bellied Tit

山雀科

形态特征 体长10厘米左右。胸至尾下覆羽为黄色。雄鸟：头和上背黑色，脸颊和后颈具有白色块斑；上体蓝灰色，翅上具有两排白色点斑。雌鸟：头部灰绿色，喉部灰白色。

习性 留鸟。除繁殖期外常结群活动，有时也与大山雀等其他鸟类混群活动。杂食性。繁殖期4～6月，营巢于天然树洞中。

分布 秦岭海拔2000米以下的各种森林生境。

褐冠山雀 *Parus dichrous*

Grey-crested Tit

山雀科

形态特征 体长12厘米左右。灰褐色冠羽显著，具有皮黄色与白色的半颈环，上体暗灰色，下体灰白色沾棕。虹膜红褐色。

习性 留鸟。成对或成小群活动，也与其他山雀类混群，常在树皮上剥啄昆虫，并做短距离飞行，也吃植物性食物。繁殖期5～7月，营巢于天然树洞或岩缝中。

分布 秦岭中西部海拔2000米以上的针叶林、针阔叶混交林和灌丛地带。

红腹山雀 *Parus davidi*

Rusty-breasted Tit

山雀科

形态特征 体长约12厘米。头黑色，具有白色颊斑，喉、上胸黑色，其余上体灰褐色、下体棕栗色。

习性 留鸟，除繁殖期成对活动外，其他季节多成小群活动于树冠中、下层枝叶间、林下竹丛与灌丛中。夏季主要以昆虫为食，冬季主要以植物性食物为食。

分布 秦岭中部海拔2000米以上的针叶林、针阔叶混交林。

沼泽山雀 *Parus palustris*

Marsh Tit

山雀科

形态特征 体长11厘米左右。头顶及喉为黑色，两颊白色延伸至颈后，上体灰褐色，胸、腹白色，有时显露蓬松的短冠羽。

习性 留鸟。常在较大乔木的树冠活动，偶尔也到低矮的灌丛中觅食。主要以各种昆虫为食，也吃少量的植物的种子。繁殖期3～5月，营巢于天然树洞中。

分布 常见于秦岭中低海拔地区各种森林生境、林缘及村落。

大山雀 *Parus major*

Great Tit

山雀科

形态特征 体长14厘米左右。头黑色，头两侧各具有一大型白斑。上体蓝灰色，背沾绿色。下体白色，胸、腹有一条宽阔的中央纵纹与颏、喉黑色相连。

习性 留鸟。常成小群活动，栖息于多种森林生境。主要以昆虫为食，也吃小型无脊椎动物和植物性食物。繁殖期4~8月，营巢于天然树洞中。

分布 秦岭海拔2000米以下的各种森林生境及庭院、村落。

绿背山雀 *Parus monticolus*

Green-backed Tit

山雀科

形态特征 体长约13厘米。上背绿色，翅上具有两道白色翅斑。肩部绿色区域与颈部黑色区域交界处有一条细的亮黄色环带。腹部中央有一条纵贯整个黄色下体的粗黑色条带。

习性 留鸟。性活泼，行动敏捷，在树枝间跳跃或来回穿梭、觅食。叫声和大山雀近似。主要食物为昆虫。繁殖期4～7月，营巢于天然树洞和墙壁、岩石缝隙中。

分布 秦岭地区广泛分布，随季节不同常见于各种森林生境。

小云雀 *Alauda gulgula*

Oriental Skylark

百灵科

形态特征 体长约15厘米，雌雄相近。上体沙棕色或棕褐色，具有黑褐色纵纹，短的冠羽在受惊竖起时明显可见。眼线和眉纹棕白色，耳羽淡棕栗色。下体白色或棕白色，胸部棕色，具有黑褐色羽干纹。

习性 留鸟。栖息于长有短草的开阔地区，除繁殖期外多结群活动，习惯垂直起降。以昆虫和植物性食物为食。繁殖期4～7月，营巢于地面凹处。

分布 秦岭低海拔地区的草地、荒坡、荒地、沙滩和农田。

棕扇尾莺 *Cisticola juncidis*

Zitting Cisticola

扇尾莺科

形态特征 体长约10厘米。头颈部及上体为褐色，具有黑色纵纹。腰黄褐色，眉纹白色、较浅。

习性 留鸟。飞行时呈波浪状，常出现在山坡等开阔地带。在草丛间觅食。繁殖期4～7月，营巢于草丛中。

分布 秦岭海拔1200米以下的草地、稻田及开垦的山坡地带，秦岭南坡数量较多。

山鹪(jiāo)莺 *Prinia crinigera*

Striated Prinia

扇尾莺科

形态特征 体长16厘米左右。上体灰褐色，具有纵纹，下体偏白。两胁、胸及尾下覆羽沾茶黄色。尾较长，呈凸形。虹膜浅褐色，嘴黑色，脚偏粉色。

习性 留鸟。常单独或成对活动，多在灌丛和草丛中上部活动、鸣叫。主要以昆虫、小型无脊椎动物和杂草的种子为食。

分布 秦岭低海拔丘陵的茂密灌丛地带。

东方大苇莺 *Acrocephalus orientalis*

Oriental Reed Warbler

苇莺科

形态特征 体长19厘米左右。上体橄榄褐色，具有显著的黄白色眉纹。颏、喉棕白色。前胸具有细的棕褐色羽干纹，向后变为黄白色。上嘴褐色，下嘴偏粉。脚灰色。

习性 夏候鸟。喜活动于芦苇丛、稻田、沼泽及河流两岸的次生灌丛。主要以昆虫为食，也吃植物性食物。繁殖期5～7月，营巢于近水的苇茎、草丛间。

分布 秦岭海拔1000米以下的河谷地带的沼泽、湿地。

小鳞胸鹪鹛 *Pnoepyga pusilla*

Pygmy Wren Babbler

鳞胸鹪鹛科

形态特征 体长约9厘米，几乎无尾。上体橄榄褐色，略具鳞状斑。翅上具有皮黄色的点。下体白色或棕黄色，胸及两胁具有鳞状斑纹。

习性 留鸟。性隐蔽，栖息、活动于林下多灌木及苔藓的溪流两岸，鸣叫声特别。繁殖期5~7月，营巢于林缘近河流的岩石苔藓下。

分布 秦岭南部海拔1000~2500米的阔叶林、针阔叶混交林。

高山短翅蝗莺 *Bradypterus mandelli*

Russet Bush Warbler

蝗莺科

形态特征 体长14厘米左右。上体棕褐色。颏、喉、腹部中央白色，喉具有暗色纵纹，胸灰褐色，两胁和尾下覆羽褐色。尾略长而宽，呈凸形。虹膜褐色，嘴黑色。

习性 留鸟。性胆怯，善隐蔽。单独或成对活动于稠密的灌丛或草丛中。繁殖期5～7月，营巢于近地面的草丛中。

分布 秦岭海拔2500米以下的开阔林缘、疏林草坡和山边灌丛、草地。

（摄影：张永文）

斑胸短翅蝗莺 *Bradypterus thoracicus*

Spotted Bush Warbler

蝗莺科

形态特征 体长约12厘米。上体褐色，下体偏白，顶冠沾棕色，眉纹灰白色，下喉至上胸具有显著的灰黑点斑。虹膜褐色，嘴黑色，脚偏红色。

习性 夏候鸟。单独或成对活动于林缘、灌丛和林间沼泽草丛中。性隐秘，常在灌丛低枝间跳来跳去寻觅食物。繁殖期5～7月，营巢于灌丛低枝或草丛中。

分布 秦岭中西部海拔1000米以上高山针叶林和林缘、疏林灌丛地带。

淡色崖沙燕 *Riparia riparia*

Sand Martin

燕科

形态特征 体长12厘米左右。体羽褐色。上体深褐色，下体白色，具有褐色胸带。虹膜、嘴和脚褐色。

习性 留鸟。栖息于近河流的沙滩上或其附近的土崖上。飞行轻快而敏捷，常穿梭往返于水面，边飞边叫。主要在空中捕食昆虫。春季繁殖，营群巢于近水边的沙质悬崖上，凿洞为巢。

分布 秦岭低海拔河谷地带广泛分布。

家燕 *Hirundo rustica*

Barn Swallow

燕科

形态特征 体长20厘米左右。上体蓝黑色，额、颏、喉和上胸栗色，并具有蓝色胸带，腹部白色。尾长而分叉，近端处具有白色点斑。

习性 夏候鸟。常成对或结群栖息于人类居住的环境。主要以昆虫为食。繁殖期4～7月，营巢于房舍内外墙壁上、屋椽下或横梁上。

分布 春夏季常见于秦岭海拔1000米以下的人类居住的环境。

（摄影：胡万新）

烟腹毛脚燕 *Delichon dasypus*

Asian House Martin

燕科

形态特征 体长13厘米左右。上体蓝黑色。腰白色。下体自颏、喉到尾下覆羽均为烟灰白色。脚被白色绒羽。

习性 夏候鸟。栖息于山地悬崖峭壁处和人工建筑物上，常结群栖息、活动，善于高空飞翔捕食飞行中的昆虫。繁殖期6～8月，营巢于悬崖凹陷处或石隙间及建筑物上。

分布 秦岭海拔700米以上的峡谷地带。

金腰燕 *Cecropis daurica*

Red-rumped Swallow

燕科

形态特征 体长17厘米左右。上体黑色，具有蓝色的光泽。颈侧棕栗色，向颈背延伸。腰部栗黄色。下体棕白色，多具有黑色细纵纹。尾长而叉深。

习性 夏候鸟。成小群栖息于近居民点的河谷、农田、坡地和草地。以昆虫为食。繁殖期4～9月，营巢于建筑物外墙壁上，喜选木结构房屋。

分布 繁殖期广泛分布于秦岭海拔1000米以下的河谷、平原及丘陵区的居民点附近。

领雀嘴鹎（bēi） *Spizixos semitorques*

Collared Finchbill

鹎科

形态特征 体长20厘米左右，雌雄相近。体羽偏绿色，头、喉偏黑色，颈前有一白色颈环。嘴黄而厚重。

习性 留鸟。多群聚活动。以植物性食物为主，也取食昆虫。繁殖期5～7月，多营巢于溪边或路边小树的侧枝梢上。

分布 秦岭地区海拔2200米以下的各种森林生境。

黄臀鹎 *Pycnonotus xanthorrhous*

Brown-breasted Bulbul

鹎科

形态特征 体长20厘米左右。体羽灰褐色，顶冠及颈背黑色，喉部洁白，耳羽褐色，尾下覆羽黄色。

习性 留鸟。除繁殖期外多结群活动。主要以植物的果实、种子为食，也吃昆虫等。繁殖期4～7月，常在灌丛或竹丛间营巢，也在林下小树上营巢。

分布 秦岭海拔2500米以下各种森林生境及村寨、田地的有林地带。秦岭地区极常见的鸟种。

白头鹎 *Pycnonotus sinensis*

Light-vented Bulbul

鹎科

形态特征 体长约19厘米，雌雄相近。头顶黑色，眉和枕羽白色，耳羽后部有一白斑。翅橄榄绿色。颏、喉白色，腹部白色，具有黄绿色纵纹。

习性 留鸟。喜结群活动于河谷、丘陵或平原地区的灌丛、林缘、田间林和针阔叶混交林中。杂食性。繁殖期4～8月，营巢于灌木、竹林或阔叶树、针叶树上。

分布 秦岭地区海拔1200米以下广泛分布。

绿翅短脚鹎 *Hypsipetes mcclellandii*

Mountain Bulbul

鹎科

形态特征 体长24厘米左右，雌雄相近。体羽橄榄色，冠羽短，呈栗褐色，耳和颈侧红棕色。背灰褐色，翅和尾绿色。胸灰棕褐色，具有白色纵纹，尾下覆羽浅黄色。

习性 留鸟。多成小群活动，同时发出喧闹的叫声，叫声清脆多变而婉转。食性较杂。繁殖期5～8月，营巢于乔木树侧枝上或林下灌木上。

分布 主要分布在秦岭南坡海拔2500米以下的各种森林生境。

暗绿柳莺 *Phylloscopus trochiloides*

Greenish Warbler

柳莺科

形态特征 体长约10厘米。上体橄榄绿色，眉纹黄白色，翅上有两道翅斑，前部翅斑不明显，下体污黄白色。上嘴黑褐色，下嘴淡黄色。脚褐色。

习性 夏候鸟。常单独、成对或小群活动，有随季节垂直迁移活动的习性。繁殖期4～6月，营巢于地上或河岸山边的陡岩上，也在灌丛和小树上营巢。

分布 秦岭中西部针叶林、针阔叶混交林、阔叶林，低海拔的林缘疏林、灌丛。

黑眉柳莺 *Phylloscopus ricketti*

Sulphur-breasted Warbler

柳莺科

形态特征 体长10厘米左右。上体亮绿色，头顶中央自额基至后颈有一条淡黄绿色中央冠纹，两侧各有一条黑色侧冠纹，眉纹黄色，贯眼纹黑色。下体黄绿色。上嘴色深，下嘴偏黄。

习性 夏候鸟。常与其他莺类混群活动于林间及灌丛，鸣声响亮，主要以昆虫为食。繁殖期4～7月。通常营巢于林下或森林边沿洞穴。

分布 海拔1500米以下的多种森林环境。

灰冠鹟莺 *Seicercus tephrocephalus*

Grey-crowned Warbler

柳莺科

形态特征 体长约11厘米。头部图案颜色对比明显，侧冠纹黑色，顶冠纹亮灰色，侧冠纹下侧灰色带较宽，眼眶黄色后有细断缝。上嘴黑色，下嘴黄色。脚粉褐色。

习性 夏候鸟。栖息于溪流边的稀疏阔叶林和竹林、灌丛，除繁殖期外，多成小群活动。主要以昆虫为食。繁殖期5～7月，营巢于林下灌丛与草丛。

分布 秦岭海拔1000米以上的山地阔叶林和针阔叶混交林。

（摄影：胡万新）

淡尾鹟莺 *Seicercus soror*

Plain-tailed Warbler

柳莺科

形态特征 体长11厘米左右。体羽黄绿色。头顶中央冠纹灰色沾绿，侧冠纹黑色，眼周金黄色。上嘴黑色，下嘴黄色。脚橙黄色。

习性 夏候鸟。除繁殖期外，多成小群活动，常隐匿于林下灌丛中枝叶间跳跃、觅食昆虫。繁殖期5～7月，营巢于林下灌丛中地上或距地不高的灌丛、草丛上，也在山坡、土坎、岸边岩坡和岩石脚下营巢。

分布 秦岭中南部中低海拔的针叶林、针阔叶混交林、阔叶林以及村落、园林等。

栗头鹟莺 *Seicercus castaniceps*

Chestnut-crowned Warbler

柳莺科

形态特征 体长约9厘米。体羽黄褐色。顶冠纹红褐色，眼圈白色，脸颊、喉、胸和颈部灰色。翅斑黄色。腹部黄色。

习性 夏候鸟。除繁殖期外多成小群活动，也常与其他小型鸟类混群。主要以昆虫为食。繁殖期5～7月，营巢于苔藓、青草和枯枝落叶覆盖土坎下的隐蔽处。

分布 秦岭中南部海拔1000～2500米的针阔叶混交林。

棕脸鹟莺 *Abroscopus albogularis*

Rufous-faced Warbler

树莺科

形态特征 体长约10厘米。色彩亮丽，上体和尾橄榄绿色，头棕栗色，具有黑色侧冠纹，顶冠纹橄榄绿色。下体白色，喉部白色，具有细密的黑色纵纹，胸部有一圈黄带。

习性 留鸟。栖息于常绿林及竹林密丛中，多单独或成对活动。繁殖期4～7月，营巢于距地面较高的有洞的竹子和树洞中。

分布 秦岭南坡中低海拔的针阔叶混交林、阔叶林及林缘地带。

强脚树莺 *Cettia fortipes*

Brownish-flanked Bush Warbler

树莺科

形态特征 体长约12厘米。上体暗褐色，眉纹黄白色。下体灰白色，胸侧、两胁淡棕色。尾下腹羽黄褐色。上嘴褐色，下嘴色较淡。脚淡棕色。

习性 夏候鸟。常穿梭于茂密的枝间，只闻其声，不见其影，叫声清脆而洪亮，从早到晚久鸣不休。嗜食昆虫，也吃一些植物性食物。繁殖期5～8月，营巢于草丛和灌丛上。

分布 秦岭海拔2000米以下的针阔叶混交林和村落、园林。

银喉长尾山雀 *Aegithalos caudatus*

Long-tailed Tit

长尾山雀科

形态特征 头顶黑色，具有浅色纵纹，头和颈侧淡棕色，喉部中央具有银灰色斑。背灰。尾长，黑色，具有白边。下体淡红色。

习性 留鸟。除繁殖期成对外，多成小群栖息，行动敏捷，来去匆匆。以昆虫为食，也吃少许植物性食物。春季繁殖，营巢于竹林和树冠枝杈。

分布 秦岭海拔1500米以下的阔叶林、针阔叶混交林及次生林、疏林地带。

红头长尾山雀

Aegithalos concinnus

Black-throated Tit

长尾山雀科

形态特征 体长约10厘米。头顶栗红色，背蓝灰色。尾长、呈凸状，外侧尾羽具有楔形白斑。颏、喉白色，喉中部具有黑色块斑。胸、腹白色，具有栗色胸带，两胁栗色。

习性 留鸟。性活泼，喜结群活动，在枝叶间跳跃、鸣叫或来回飞翔觅食昆虫。繁殖期2～6月，营巢于柏树上。

分布 广泛分布于秦岭山地森林、灌木林和村落、园林。种群大、数量多。

银脸长尾山雀 *Aegithalos fuliginosus*

Sooty Tit

长尾山雀科

形态特征 体长约12厘米。雌雄羽色相似。灰色喉与白色上胸对比形成颈纹，顶冠两侧及脸银灰色，头顶及上体褐色。下胸及腹白色。

习性 留鸟。除繁殖期外，常成小群活动，也与其他小型鸟类混群。以昆虫和植物性食物为食。繁殖期3～5月，营巢于树枝间。

分布 秦岭海拔1000米以上的各种森林生境。

金胸雀鹛 *Lioparus chrysotis*

Golden-breasted Fulvetta

莺鹛科

形态特征 体长约11厘米。通体色彩鲜艳。头黑色，具有灰白色耳羽，顶纹白色，两翅具有鲜艳的橙黄色斑。下体黄色，脚粉红色。

习性 留鸟。群栖型。性喧闹，主要栖息于林下竹林和灌丛。繁殖期4～6月，营巢于沟谷的林缘灌丛。

分布 秦岭中段南坡海拔1000～2500米的阔叶林、针阔叶混交林和针叶林。

棕头雀鹛 *Alcippe ruficapilla*

Spectacled Fulvetta

莺鹛科

形态特征 体长12厘米左右。体羽褐色。头顶棕褐色，具有黑色侧冠纹。眼圈白色，喉近白色，微具有纵纹。翅外缘具有白色、黑色饰纹。胸灰色，其余下体为茶黄色。

习性 留鸟。常单独或成对活动，多在林下灌丛间跳跃穿梭，也频繁地下到地上活动和觅食。杂食性。繁殖期4～6月，营巢于浓密的巴山木竹竹林中下部。

分布 秦岭中西部海拔800～1500米的阔叶林、针阔叶混交林、针叶林和林缘灌丛地带。

褐头雀鹛 *Alcippe cinereiceps*

Streak-throated Fulvetta

莺鹛科

形态特征 体长12厘米左右，体羽褐色。顶冠深褐色，翅外侧由白色、黑色和棕色形成多彩斑纹。喉及胸沾灰，腹灰白色。虹膜黄白色。

习性 留鸟。除繁殖期外，成小群活动于林下竹林和灌丛。以昆虫为食。繁殖期5～7月，营巢于竹林、灌丛中。

分布 秦岭西南部海拔1500米以上的针阔叶混交林和针叶林。

红嘴鸦雀 *Conostoma oemodium*

Great Parrotbill

莺鹛科

形态特征 体长约28厘米。通体褐色。具有强有力的圆锥形黄嘴，额灰白色。眼先深褐色，下体浅灰褐色。尾羽羽缘沾白。虹膜黄色，脚绿黄色。

习性 留鸟。除繁殖期成对活动外，常成小群活动，有垂直迁移活动的习性。繁殖期5～7月，营巢于竹林、灌丛中。

分布 秦岭中西部海拔1500米以上的针叶林、针阔叶混交林带的竹林和灌丛。

三趾鸦雀 *Paradoxornis paradoxus*

Three-toed Parrotbill

莺鹛科

形态特征 体长23厘米左右。体羽灰褐色。冠羽蓬松，白色眼圈明显，贯眉纹长、黑色，虹膜近白色，嘴橙黄色。脚仅有三趾。

习性 留鸟。常成小群栖息于山地竹林和灌丛。叫声大而独特。以昆虫和植物的果实、种子为食。繁殖期5～7月，营巢于竹林、灌丛。

分布 秦岭中西部海拔1500米以上的针叶林和针阔叶混交林。

白眶鸦雀 *Paradoxornis conspicillatus*

Spectacled Parrotbill

莺鹛科

形态特征 体长14厘米左右。顶冠及颈背为栗褐色，白色眼圈明显。上体橄榄褐色，下体粉褐色，喉具有模糊的纵纹。嘴黄色。

习性 留鸟。除繁殖期外成小群活动，性喧闹。食性较杂，以昆虫及植物的果实、种子为食。繁殖期4～7月，常营巢于竹林、灌丛中上部。

分布 秦岭海拔1000～2800米的针叶林、针阔叶混交林和阔叶林带的竹林、灌丛。

棕头鸦雀 *Paradoxornis webbianus*

Vinous-throated Parrotbill

莺鹛科

形态特征 体长约12厘米。体羽棕褐色，头顶及两翅棕色。喉、胸具有暗红棕色纵纹。嘴短小。

习性 留鸟。成对或成小群活动，秋冬季也集大群。常在灌木或小树枝叶间攀援、跳跃、短距离低空飞翔。性活泼，边飞边叫。食性较杂。繁殖期4～8月，营巢于灌木、竹丛和小树。

分布 秦岭海拔2000米以下有林生境广泛分布。

（摄影：向定乾）

黄额鸦雀 *Paradoxornis fulvifrons*

Fulvous Parrotbill

莺鹛科

形态特征 体长约11厘米。体羽红褐色。头部茶黄色，具有偏灰的深色侧冠纹。棕色翅斑与白色翅缘形成明显的对比。腹淡白色。尾长，深黄褐色，羽缘棕色。

习性 留鸟。常成小群活动，以昆虫和植物的果实、种子为食。繁殖期5～7月，营巢于竹林、灌丛。

分布 秦岭中南部海拔1700米以上的针叶林、针阔叶混交林。

（摄影：向定乾）

栗耳凤鹛 *Yuhina castaniceps*

Striated Yuhina

绣眼鸟科

形态特征 体长约13厘米。体羽灰褐色。冠羽短，灰色，并具有细的白色羽干纹。眼后、耳羽、后颈和颈侧为淡栗色或棕栗色，形成宽的半领环。外侧尾羽具有白色端斑。

习性 留鸟。非繁殖期多成群活动于小乔木或高的灌木高枝上。以昆虫、植物的果实和种子为食。繁殖期4～7月，营巢于其他鸟类废弃的巢洞或天然洞中。

分布 秦岭中段南坡海拔1500米以下的阔叶林和针阔叶混交林。

白领凤鹛 *Yuhina diademata*

White-collared Yuhina

绣眼鸟科

形态特征 体长17厘米左右。体羽烟褐色。具有蓬松的冠羽，颈后的白色大斑块与白色宽眼圈及后眉线相接。颏、鼻孔及眼先黑色。翅外侧黑色，而羽缘近白。下体灰白色。

习性 留鸟。除繁殖期外，多成小群活动。以昆虫、植物的果实和种子为食。繁殖期5～8月，营巢于较高海拔的山地森林和山坡灌丛中。

分布 秦岭海拔700米以上的有林地带。

红胁绣眼鸟 *Zosterops erythropleurus*

Chestnut-flanked White-eye

绣眼鸟科

形态特征 体长约12厘米。上体绿色偏灰。两胁栗色，眼圈白色。喉和尾下覆羽黄色。胸、腹灰白色沾黄。

习性 夏候鸟。栖息于阔叶树、针叶树、庭院花木、高大行道树以及竹林间。有时与暗绿绣眼鸟等混群活动。繁殖期4～7月，营巢于阔叶、针叶树及灌木上。

分布 秦岭海拔2000米以下的各种森林生境。

暗绿绣眼鸟 *Zosterops japonicus*

Japanese White-eye

绣眼鸟科

形态特征 体长10厘米左右。上体绿色。眼周有一白色眼圈，极为醒目。颏、喉和尾下覆羽淡黄色，胸、腹白色。

习性 夏候鸟。常单独、成对或成小群活动。主要以昆虫和一些植物为食。繁殖期4～7月，营巢于树冠枝杈处。

分布 秦岭海拔600～2000米的各种森林生境。

斑胸钩嘴鹛 *Pomatorhinus erythrocnemis*

Spot-breasted Scimitar-Babbler

林鹛科

形态特征 体长24厘米左右，雌雄相近。体羽褐色，嘴长而向下弯曲，胸部具有浓密的黑色点斑或纵纹。

习性 留鸟。栖息于灌丛、棘丛及林缘地带。繁殖期5～7月，营巢于向阳的茂密灌丛或小树枝桠间。

分布 秦岭海拔1500米以下的针阔叶混交林、阔叶林林缘地带和疏林地灌丛。

棕颈钩嘴鹛 *Pomatorhinus ruficollis*

Rufous-necked Scimitar Babbler

林鹛科

形态特征 体长19厘米左右。具有显著的白色眉纹和黑色贯眼纹。上体橄榄褐色（或棕褐色、栗棕色）。后颈栗红色。嘴细长而向下弯曲。颏、喉白色。胸白色，具有栗色或黑色的纵纹。

习性 留鸟。常单独、成对或成小群活动于茂密的树丛和灌丛间。主要以昆虫、植物的果实和种子为食。繁殖期4～7月，营巢于灌木上。

分布 秦岭海拔2300米以下的有林地带。

红头穗鹛 *Stachyris ruficeps*

Rufous-capped Babbler

林鹛科

形态特征 体长11厘米左右。头顶棕红色，上体淡橄榄褐色沾绿色。颏、喉、胸浅灰黄色，体侧淡橄榄褐色。

习性 留鸟。常单独或成对活动于林下或林缘灌木丛。主要以昆虫为食。繁殖期4～7月，通常营巢于茂密的灌丛、竹丛、草丛和枯倒的树干上。

分布 秦岭南坡海拔1800米以下山地、丘陵和平原的有林生境。

褐顶雀鹛 *Alcippe brunnea*

Dusky Fulvetta

幽鹛科

形态特征 体长约13厘米。体羽褐色。顶冠棕褐色，前额黄褐色，头顶两侧有黑色侧冠纹直达后颈。下体皮黄色。两翅纯褐色。脚粉红色。

习性 留鸟。栖息于竹林、灌丛。性机警而隐秘，常单独或成对活动。食性较杂。繁殖期4～6月，营巢于竹林、灌丛。

分布 秦岭海拔400～2000米的针阔叶混交林、阔叶林下的灌丛。

灰眶雀鹛 *Alcippe morrisonia*

Grey-cheeked Fulvetta

幽鹛科

形态特征 体长13厘米左右。上体褐色，头灰色，颊多为灰色，眼圈灰白色。侧冠纹黑色或不明显。下体灰皮黄色。虹膜红色。

习性 留鸟。除繁殖期外，常成10只左右的小群活动，主要以昆虫、植物的果实、种子、叶、芽、苔藓等为食。繁殖期5～7月，营巢于林下灌丛近地面的枝杈上。

分布 秦岭海拔2500米以下的各种森林生境。

（摄影：向定乾）

矛纹草鹛 *Babax lanceolatus*

Chinese Babax

噪鹛科

形态特征 体长26厘米左右。体羽灰褐色，并密布纵纹。嘴略下弯，头顶和上体具有栗褐色或灰色纵纹。髭纹深色，胸和两胁具有暗色纵纹。尾长。虹膜黄色。

习性 留鸟。除繁殖期外，常成小群活动于林内或林缘的灌木丛、高草丛中，常停留在枝梢鸣叫。食性较杂。繁殖期4～6月，营巢于灌丛中。

分布 秦岭中低海拔的有林生境。

画眉 *Garrulax canorus*

Hwamei

噪鹛科

形态特征 体长22厘米左右。体羽棕褐色。白色的眼圈在眼后延伸成狭窄的眉纹。顶冠及颈背具有偏黑色纵纹。下体棕黄色，喉至上胸杂有黑色纵纹。

习性 留鸟。喜在灌丛中穿飞和栖息，叫声洪亮，婉转动听。常在林下的草丛中觅食昆虫和野果、草籽、幼苗等。繁殖期4～7月，营巢于灌木上。

分布 秦岭海拔1000米以下的山地、丘陵地带浓密的灌木林。

灰翅噪鹛 *Garrulax cineraceus*

Ashy Laughingthrush

噪鹛科

形态特征 体长23厘米左右。前额、头和后颈黑色，眼先、颊和耳羽基部白色，上体褐色。翅上具有白色的月牙形斑，翅缘灰色。尾羽具有宽阔的黑色端斑。下体多为浅棕色。

习性 留鸟。常成对或成3～5只小群活动于林下灌丛和竹丛间。以昆虫为食，也吃甲壳动物及植物的果实、种子等。繁殖期4～6月，营巢于小树和竹枝杈间。

分布 秦岭海拔800～2500米的阔叶林、针阔叶混交林、针叶林、竹林和灌木林。

（摄影：向定乾）

斑背噪鹛 *Garrulax lunulatus*

Barred Laughingthrush

噪鹛科

形态特征 体长26厘米左右。具有明显的白色眼斑，上体、两胁具有醒目的黑色及草黄色鳞状斑纹。飞羽及外侧尾羽的羽缘为灰色。尾端白色，具有黑色的次端横斑。

习性 留鸟。单独或成对活动于林下植被及棘丛中觅食。杂食性。繁殖期3～6月，营巢于山坡上较密竹林的竹子杈部。

分布 秦岭海拔1000～2500米的针叶林、针阔叶混交林及阔叶林。

白喉噪鹛 *Garrulax albogularis*

White-throated Laughingthrush

噪鹛科

形态特征 体长28厘米左右。体羽暗褐色。前额至头顶棕栗色至暗黄棕色。喉及上胸为白色，外侧尾羽羽端白色。虹膜蓝白色。

习性 留鸟。常成10～40只的群活动，栖息于森林的树冠层或浓密的棘丛。多在林下地上或灌丛中觅食昆虫。繁殖期5～7月，营巢于小树的枝杈上。

分布 秦岭海拔1800米以下的各种森林生境。

黑领噪鹛 *Garrulax pectoralis*

Greater Necklaced Laughingthrush

噪鹛科

形态特征 体长29厘米左右。体羽棕褐色。后颈栗棕色，并形成半领环状。白色眉纹长而显著，耳羽黑色而杂有白纹，胸有一黑色环带。

习性 留鸟。常成小群活动，多在林下茂密的灌丛或竹丛中活动。主要以昆虫为食，也吃草籽和其他植物的果实、种子。繁殖期4～7月，营巢于低山阔叶林中的林下灌丛、竹丛或小树上。

分布 秦岭中部海拔2500米以下的针叶林、针阔叶混交林和阔叶林。

（摄影：任文博）

白颊噪鹛 *Garrulax sannio*

White-browed Laughingthrush

噪鹛科

形态特征 体长23厘米左右。体羽灰褐色。白色的眉纹和下颊纹由深色的眼后纹隔开，形成特征性的脸部图纹。前额至枕部为深栗褐色。

习性 留鸟。除繁殖期成对外，多成小群活动于林下灌丛、竹丛和林缘空地。性活泼、善鸣叫，叫声响亮而急促。杂食性。繁殖期3～7月，营巢于树丛和灌丛中。

分布 秦岭海拔1800米以下的各种森林生境。

橙翅噪鹛 *Garrulax elliotii*

Elliot's Laughingthrush

噪鹛科

形态特征 体长25厘米左右。体羽灰褐色，翅外侧为淡蓝灰色或银灰色，基部橙黄色，形成翅斑。尾羽灰色而端白，羽外侧偏黄色。虹膜乳白色。

习性 留鸟。除繁殖期成对外，多成小群活动。常在林下灌丛和地上落叶层间活动和觅食，杂食性。繁殖期4～7月，营巢于林下灌木低枝上。

分布 秦岭常见的一种噪鹛，各种海拔高度的森林生境均有分布。

红嘴相思鸟 *Leiothrix lutea*

Red-billed Leiothrix

噪鹛科

形态特征 体长16厘米左右。羽色艳丽。上体暗灰绿色，嘴赤红色，眼先、眼周淡黄色。颏、喉黄色，胸橙黄色。两翅具有黄色和红色翅斑，尾呈叉状，黑色。

习性 留鸟。除繁殖期外，多成几只或10余只的小群活动。叫声婉转动听。主要以昆虫为食，也吃植物的果实、种子。繁殖期5～7月，营巢于林下、林缘灌木丛或竹丛中。

分布 秦岭海拔2500米以下的针叶林、针阔叶混交林、阔叶林及低海拔的竹林、林缘和疏林灌丛地带。

欧亚旋木雀 *Certhia familiaris*

Eurasian Treecreeper

旋木雀科

形态特征 体长14厘米左右。头和上体有黑、白、褐及深棕的多色斑驳，下体灰白色。眉纹宽，白色。嘴细长而下弯。尾呈楔形、褐色。

习性 留鸟。栖息地稳定。白天活跃，夜间结群。捕捉树皮皱褶里的昆虫为食，冬天也取食植物的种子。繁殖期3～6月，善把隐秘的巢穴置于树缝中和剥落的树皮后。

分布 秦岭中西部中高海拔的针叶林和针阔叶混交林。

高山旋木雀 *Certhia himalayana*

Bar-tailed Treecreeper

旋木雀科

形态特征 体长14厘米左右。头和上体有黑、白、褐及深棕等多色斑驳。喉和下体白色。尾上具有明显的横斑。嘴长而下弯。

习性 留鸟。单独或成对活动，栖息于针叶林、阔叶林和针阔叶混交林。繁殖期3～6月，在枯裂的阔叶树树皮缝隙中营巢。

分布 秦岭中西部山地、丘陵。夏季见于海拔2000米以上的地区，冬季则活动于低海拔地区。

普通䴓（shī）*Sitta europaea*

Eurasion Nuthatch

䴓科

形态特征 体长13厘米左右。上体蓝灰色，下体黄白色，羽缘灰褐色，黑色贯眼纹沿头侧伸向颈侧。喉白，两胁栗色。

习性 留鸟。常单独或成对活动，有时成小群活动。常在树干的缝隙或树洞中啄食昆虫、树籽及其他坚果，偶尔也在地面取食。繁殖期3～7月，营巢于树洞中。

分布 秦岭中低海拔山地、丘陵的针叶林、针阔叶混交林、阔叶林及村落、园林。

红翅旋壁雀 *Tichodroma muraria*

Wallcreeper

䴓科

形态特征 体长16厘米左右。体羽灰色。尾短，嘴长。翅具有醒目的红色斑纹，两排白色点斑在飞行时呈带状。外侧尾羽羽端白色显著。

习性 秦岭中西部为留鸟，秦岭中东部为冬候鸟。常在岩崖峭壁上攀爬、飞舞，显得格外耀眼动人。冬季下至较低海拔活动。繁殖期主要以昆虫为食。春夏之交开始繁殖，营巢于岩壁缝隙或洞穴中。

分布 秦岭海拔600米以上的针阔叶混交林、阔叶林带的悬崖峭壁和山坡壁上。

鹪鹩（liáo）*Troglodytes troglodytes*

Eurasian Wren

鹪鹩科

形态特征 体长约10厘米。体羽棕褐色。眉纹色浅，头侧浅褐色，而杂以棕白色细纹。下背至尾及胸以下满布黑褐色横斑。尾短而翘。

习性 留鸟。栖息于近水的阴暗潮湿之地。以昆虫和蜘蛛为食。繁殖期7～8月，雄鸟在树洞、岩洞、建筑物和灌丛等环境营巢。

分布 秦岭海拔500米以上的溪流、河谷地带。

褐河乌 *Cinclus pallasii*

Brown Dipper

河乌科

形态特征 体长21厘米左右。通体咖啡褐色，背和尾上覆羽具有棕红色羽缘。嘴黑色。眼圈白色，常被眼周围的羽毛遮盖，不易察见。尾较短。

习性 留鸟。一般单独或成对活动。能在水面浮游，也能在水底潜走。繁殖期4～7月，营巢于河流两岸石隙间、石壁凹处、垂岩下边或树根下。

分布 秦岭海拔500～2000米的溪流、河谷地带。

八哥 *Acridotheres cristatellus*

Crested Myna

椋(liáng)鸟科

形态特征 体长约26厘米，雌雄相近。通体黑色，冠羽突出，翅具有大型白斑，尾羽和尾下覆羽具有白色端斑。虹膜橘黄色，嘴和脚黄色。

习性 留鸟。结群活动于大树、屋顶和田野，在清晨喧噪一番后便分散活动。杂食性。繁殖期4～7月，以墙壁缝隙、树洞或其他鸟的旧巢为巢。

分布 秦岭南坡海拔1100米以下的村落、林缘和城镇。

丝光椋鸟 *Sturnus sericeus*

Silky starling

椋鸟科

形态特征 体长约22厘米。嘴朱红色，脚橙黄色，翅和尾黑色。雄鸟：头、颈丝光白色或棕白色，背和胸灰色。雌鸟：头顶前部为棕白色、后部为暗灰色，背和胸、腹浅灰褐色。

习性 留鸟。喜结群活动于河谷两岸和村落、园林。在地面觅食昆虫和植物的果实、种子。繁殖期5～7月，营巢于树洞。

分布 秦岭南坡海拔1200米以下的低山丘陵和山脚平原地区。

灰椋鸟 *Sturnus cineraceus*

White-cheeked Starling

椋鸟科

形态特征 体长约24厘米。通体灰褐色。头顶部黑色，两侧白色。臀、尾下覆羽及外侧尾羽端为白色。嘴橙色，尖端黑色。脚橙色。雌鸟色浅且暗。

习性 留鸟。栖息于林缘灌丛、次生林和村落园林，除繁殖期外，多成大群活动。杂食性。繁殖期5～7月，营巢于树洞或人工形成的洞穴。

分布 秦岭海拔1100米以下的低山丘陵和开阔平原。

橙头地鸫（dōng） *Zoothera citrina*

Orange-headed Thrush

鸫科

形态特征 体长22厘米左右。雄鸟：头、颈背及下体橙黄色；颊上具有两道深色的垂直斑纹，似“泪痕”，上体蓝灰色，翅具有白色横纹；臀部白色。雌鸟：上体橄榄灰色。

习性 夏候鸟。喜多荫的森林生境，常隐匿在林下茂密的灌木丛中，有时也在树上活动。春末夏初开始繁殖，营巢于小树及灌丛上。

分布 秦岭南坡海拔1500米以下的针阔叶混交林及阔叶林。

虎斑地鸫 *Zoothera dauma*

Golden Mountain Thrush

鸫科

形态特征 鸫类中体形较大的一种，体长28厘米左右。雌雄羽色相似，上体褐色，下体白色，黑色及金皮黄色的羽缘使其通体满布鳞状斑纹。

习性 多为冬候鸟，部分为夏候鸟。地栖性。常单独或成对活动。多在林下灌丛中或地上觅食昆虫、无脊椎动物及植物的果实、种子、嫩叶等。繁殖期5～8月，营巢于溪流岸边的针阔叶混交林和阔叶林内树干枝杈处。

分布 秦岭中低海拔的阔叶林、针阔叶混交林、针叶林及林缘地带。

灰翅鸫 *Turdus boulboul*

Grey-winged Blackbird

鸫科

形态特征 体长28厘米左右。雄鸟：宽阔的灰色翅纹与其余黑色体羽形成对比，腹部黑色，具有灰色鳞状纹，眼圈黄色。雌鸟：通体橄榄褐色，翅上具有浅红褐色斑，嘴为橘黄色。

习性 夏候鸟。多活动于地面。习惯在树叶中觅食无脊椎动物和蠕虫，也吃果实及浆果。繁殖期4～7月，营巢于距地面2～5米的树枝间。

分布 秦岭南坡海拔700米以上的阔叶林和针阔叶混交林。

乌鸫 *Turdus merula*

Common Blackbird

鸫科

形态特征 体长29厘米左右。雄鸟：体羽黑色，嘴、眼圈橘黄色。嘴黄色。雌鸟：羽色较雄鸟淡，上体色深，下体色浅，嘴暗绿黄色至黑色。

习性 留鸟。栖息于园林、村落，常在枯枝落叶中翻找食物，叫声嘹亮、动听，并善模仿其他鸟叫。繁殖期3～7月，营巢于乔木的枝梢上或枝干结合部。

分布 秦岭中低海拔地区广泛分布。

灰头鸫 *Turdus rubrocanus*

Chestnut Thrush

鸫科

形态特征 体长约25厘米。头及颈部灰色，两翅及尾黑色，背、肩、腰、尾上覆羽、胸和腹为暗栗棕色。雌鸟和雄鸟羽色相似，但雌鸟羽色较淡。嘴和脚黄色。

习性 留鸟。常单独或成对活动，冬春季于秦岭南坡成小群活动。繁殖期善鸣叫，叫声清脆、响亮。以昆虫为食，兼食一些植物的种子。繁殖期5～7月，营巢于林下小树的枝杈上。

分布 秦岭海拔800米以上的多种森林生境和林缘地带。

斑鸫 *Turdus eunomus*

Dusky Thrush

鸫科

形态特征 体长23厘米左右，雌雄相近。具有浅棕色翅线和宽的棕色翅斑，耳羽黑色。北方亚种：体色较暗，下体白色，喉、颈侧、胸和两胁具有黑色斑点，眉纹白色。指名亚种：体色较淡，眉纹淡棕红色，颏、喉、胸和两胁为栗色，具有白色羽缘，喉侧具有黑色斑点。

习性 冬候鸟。越冬于秦岭地区，常成数十只或上百只的大群活动于疏林和林缘灌丛地带。主要以昆虫为食。

分布 冬春季在秦岭低海拔农作区和人类活动区域分布。

宝兴歌鸫 *Turdus mupinensis*

Chinese Thrush

鸫科

形态特征 体长22厘米左右，雌雄相近。上体橄榄褐色，眉纹棕白色。耳羽淡皮黄色，具有黑色端斑，在耳区形成显著的黑色块斑。下体白色，密布圆形黑色斑点。

习性 留鸟。单独或成对活动。多在林下灌丛中或地上觅食昆虫及其幼虫。繁殖期5～7月，营巢于针阔叶混交林。

分布 秦岭海拔600米以上的针阔叶混交林及疏林地带。

栗腹歌鸲（qú）*Luscinia brunnea*

Indian Blue Robin

鹟科

形态特征 体长15厘米左右。雄鸟：上体青石蓝色，眉纹白色，喉、胸及两胁为栗色，尾下覆羽白色。雌鸟：上体橄榄褐色，下体偏白。

习性 夏候鸟。栖息于林下灌丛和竹林，活动时两翅及尾不时抽动。杂食性，主要以昆虫为食。繁殖期5～6月。

分布 秦岭中西部海拔1500～2200米的针叶林、针阔叶混交林下灌丛和竹林。

黑喉歌鸲

Luscinia obscura

Blackthroat

鹟科

形态特征 体长14厘米左右。雄鸟：喉部深黑色，上体青蓝色；尾上覆羽黑色，外缘具有白斑；尾下覆羽黑色，中央白色。雌鸟：体羽橄榄褐色，尾下覆羽皮黄色。

习性 夏候鸟。栖息于阔叶林、针叶林或针阔叶混交林下灌丛、竹丛间，性隐秘且机警。以昆虫为食。繁殖期5～7月，营巢于坡地面。

分布 秦岭海拔2000～2800米的竹林、灌丛。

蓝喉歌鸲 *Luscinia svecica*

Bluethroat

鹟科

形态特征 体长约14厘米。上体灰褐色，下体白色。雄鸟：颏、喉亮蓝色，中央有栗色块斑。雌鸟：喉白色，具有黑色的细颊纹和点斑。

习性 夏候鸟。栖息于近水的灌丛或草丛。在地面觅食昆虫、蠕虫和植物的种子。繁殖期5～7月，营巢于灌丛地面凹坑、树根或河岸崖壁洞穴。

分布 秦岭中低海拔近水的森林、沼泽边缘的灌丛地带。

红胁蓝尾鸲 *Tarsiger cyanurus*

Red-flanked Bush Robin

鹟科

形态特征 体长14厘米左右。雄鸟：上体灰蓝色，下体白色，尾上覆羽为鲜亮的蓝色，两胁橙棕色。雌鸟：上体橄榄褐色，腰和尾上覆羽灰蓝色，下体和雄鸟相似。

习性 夏候鸟。常单独或成对活动，以昆虫、植物的果实和种子为食。繁殖期4～7月，营巢于凸出的树根和土坎洞穴中。

分布 秦岭山地针叶林、针阔叶混交林和林缘疏林、灌丛地带。

♂

♀

金色林鸲 *Tarsiger chrysaeus*

Golden Bush Robin

鹟科

形态特征 体长15厘米左右。雄鸟：上体橄榄绿色；眉纹和下体黄色，较雌鸟鲜艳；尾上覆羽橙黄色，中央尾羽黑色，外侧尾羽橙黄色，端部黑色。雌鸟：上体橄榄色。

习性 夏候鸟。单独或成对活动。主要以昆虫为食。繁殖期6～8月，营巢于竹林或灌丛。

分布 秦岭中西部海拔2000米以上的竹林和灌丛。

♀

鹊鸲 *Copsychus saularis*

Oriental Magpie Robin

鹟科

形态特征 体长20厘米左右。体羽黑白色，尾呈凸尾状。雄鸟：上体黑色，翅具有白斑，下体前黑色后白色。雌鸟：以灰色或褐色替代雄鸟的黑色部分。

习性 留鸟。性活泼好动，常出没于村落、园林及城市庭院，在枝头和建筑物高处鸣唱。以昆虫为食，也吃草籽和野果。繁殖期4～8月，营巢于树木、墙壁、建筑物的洞穴中，有时也在树枝杈处营巢。

♂

分布 秦岭南部海拔1500米以下的低山、丘陵和平原。

蓝额红尾鸲 *Phoenicurus frontalis*

Blue-fronted Redstart

鹟科

形态特征 体长15厘米左右。雌、雄鸟尾部具有特殊的黑色“T”形纹。雄鸟：头、颈、背和颏、喉、胸均为深蓝色，腹部、尾上覆羽和下体余部为棕色。雌鸟：上、下体羽均为暗褐色沾棕。

习性 留鸟，随季节垂直迁移栖息。以昆虫和植物的果实、种子为食。繁殖期5～8月，营巢于倒木树洞和岩壁洞穴中。

分布 秦岭中部和西部数量较多。栖息地常见。

黑喉红尾鸲 *Phoenicurus hodgsoni*

Hodgson's Redstart

鹟科

形态特征 体长15厘米左右。雄鸟：头顶至背灰色，腰、尾羽棕色，具有小的白色翅斑，颏、喉、胸均为黑色，其余下体棕色。雌鸟：上体和两翅为灰褐色，眼周一圈白色，无翅斑。

习性 留鸟。常单独或成对活动。以昆虫为食，也取食植物的果实和种子。繁殖期5～7月，营巢于岩石、崖壁及建筑物上的洞和缝穴中。

分布 秦岭中西部海拔800米以上的各种森林生境。

北红尾鸲 *Phoenicurus auroreus*

Daurian Redstart

鹟科

形态特征 体长14厘米左右。雄鸟：头顶至背为石板灰色，下背和两翅为黑色，翅上具有明显的白色翅斑，上胸至额基黑色，其余下体为橙棕色。雌鸟：上体橄榄褐色，两翅黑褐色，具有白斑，眼圈微白。

习性 留鸟。常单独或成对活动。在地上或矮树、灌丛间捕食昆虫。繁殖期4～7月，营巢环境多样。

分布 广泛分布于秦岭低海拔各种有林生境。

♀

红尾水鸲 *Rhyacornis fuliginosa*

Plumbeous Water Redstart

鹟科

形态特征 体长14厘米左右。雄鸟：体羽暗灰蓝色，尾羽栗红色。雌鸟：上体灰褐色，下体灰色，羽缘呈鳞状斑纹，外侧尾羽基部白色。

习性 留鸟。常单独或成对活动于河流、溪流沿岸，停立时尾部常不断地上下摆动。在水面、地面捕食昆虫，也取食少量植物的果实和种子。繁殖期3～7月，营巢于水域岸边的悬岩洞隙、土坎下凹陷处或树洞。

分布 秦岭海拔600～2500米的河谷地带。

♂

白顶溪鸲 *Chaimarrornis leucocephalus*

White-capped Water Redstart

鹟科

形态特征 体长约19厘米，雌雄相近。头顶至枕部为白色，头部其余部位、背部及胸部为黑色，腹部至尾羽为深栗红色，尾羽具有宽阔的黑色端斑。

习性 留鸟。常单独或成对活动于近水域处，在活动或站立时尾部上下不停地弹动。以昆虫、小型软体动物和植物的果实、种子为食。繁殖期4～6月，营巢于山间溪流沿岸的天然岩洞、裂缝、树洞和树根间。

分布 秦岭海拔700米以上的山间溪流、河谷地带。

紫啸鸫 *Myophonus caeruleus*

Blue Whistling Thrush

鹟科

形态特征 体长约32厘米，雌雄相近。体羽蓝黑色，头及颈的羽尖具有闪光小羽片，覆羽具有少量的浅色点斑。下体胸、腹具有淡紫色点状斑。尾沾紫色。

习性 夏候鸟。多成对活动，栖息于多石的山间溪流的岩石上，声音洪亮、短促。在地面或浅水区觅食昆虫和植物性食物。繁殖期4～6月，营巢于岩隙间或枝杈上。

分布 秦岭海拔800～1800米的山涧、河谷地带。

小燕尾 *Enicurus scouleri*

Little Forktail

鹟科

形态特征 体形小，体长约12厘米。体羽黑白色。前额白色，翅上白色条带延至下部，上体余部黑色。臀、腹及尾羽基部白色。尾短而叉浅。

习性 留鸟。常单独或成对活动，栖息于山区多岩石的小溪流生境。以水生昆虫及其幼虫为食。繁殖期4～6月，营巢于林中山间溪流边的岩石缝隙间和壁缝上。

分布 秦岭海拔800～2000米的山间溪流、河谷地带。

白额燕尾 *Enicurus leschenaulti*

White-crowned Forktail

鹟科

形态特征 体长26厘米左右，雌雄相近。额和头顶前部白色，翅上具有白色翅斑，黑白相间的长尾呈深叉状，腰、腹白色，脚粉色，其余部位黑色。

习性 留鸟。在浅水中觅食，主要以水生昆虫及其幼虫为食。繁殖期4～6月，营巢于森林中水流湍急的山间溪流沿岸的岩石缝隙间。

分布 秦岭海拔1800米以下的山间溪流、河谷沿岸。

黑喉石䳭（jī）*Saxicola torquata*

Common Stonechat

鹟科

形态特征 体形较小，体长14厘米左右。雄鸟：上体黑褐色，颈侧和肩具有白斑，腰白色，颏、喉黑色，胸锈红色，腹浅棕色或白色。雌鸟：上体灰褐色，喉近白色，其余和雄鸟相似。

习性 夏候鸟。常单独或成对活动，喜站立于灌木枝头和小树顶枝上。以昆虫和植物的果实、种子等为食。繁殖期4～7月，营巢于石缝、土洞、树洞和灌丛下隐蔽的地面凹坑。

分布 秦岭海拔1500米以下的田间灌丛及河流沿岸的灌丛草地。

灰林鹏 *Saxicola ferreus*

Grey Bushchat

鹟科

形态特征 体长约15厘米。雄鸟：上体灰色斑驳，眉纹白色，具有黑色脸罩，颏及喉白色，下体白色。雌鸟：上体褐色，腰栗褐色。

习性 留鸟。常单独或成对活动。在地面或飞行中捕食昆虫，偶而也吃植物的果实、种子。繁殖期5～7月，常营巢于地上草丛或灌丛中，也在岸边或山坡岩石洞穴、石头下营巢。

分布 秦岭海拔3000米以下的林缘、开阔地带的疏林及灌丛草地。

蓝矶鸫 *Monticola solitarius*

Blue Rock Thrush

鹟科

形态特征 体长22厘米左右。雄鸟：上体蓝色，两翅和尾近黑色，下体前蓝色后栗红色，华南亚种下体蓝色。雌鸟：上体蓝灰色，翅和尾黑色，下体具有黑色波状斑。

习性 夏候鸟。常单独或成对活动，栖息于多岩石的河谷地带及近水域的村落、园林，常见在枝头、岩石突兀处停息。以昆虫为食。繁殖期4～7月，营巢于岩隙、洞穴。

分布 华北亚种和华南亚种在秦岭海拔1500米以下的河谷地带均有分布。

栗腹矶鸫 *Monticola rufiventris*

Chestnut-bellied Rock Thrush

鹟科

形态特征 体长24厘米左右。雄鸟：上体蓝色，下体胸腹部为栗色，繁殖期头部具有黑色脸斑。雌鸟：体羽褐色，耳羽后具有黄白色月牙形斑，上体具有近扇贝形黑色斑纹，下体满布扇贝形黄色斑纹。

习性 留鸟。繁殖于海拔1000米以上的森林，在低海拔近水而开阔多岩的山坡林地栖息。

分布 冬春季常见于秦岭南坡海拔1000米左右近水的林缘地带。

棕尾褐鹟 *Muscicapa ferruginea*

Ferruginous Flycatcher

鹟科

形态特征 体长约13厘米。体羽红褐色。头顶灰色，眼圈黄白色，半颈环白色。背褐色，两胁、腰及尾下覆羽为棕色，喉及下体白色。

习性 夏候鸟。喜活动于林间空地及溪流两侧。繁殖期5～7月，营巢于灌丛中。

分布 秦岭中西部海拔800米以上的针阔叶混交林。

白眉姬鹟 *Ficedula zanthopygia*

Yellow-rumped Flycatcher

鹟科

形态特征 休长13厘米左右。雄鸟：眉纹白色，背部黑色，翅上具有白斑，下体黄色。雌鸟：上体橄榄绿色，腰鲜黄色，下体淡黄绿色。

习性 夏候鸟。常单独或成对活动，在树冠下层低枝处活动和觅食。繁殖期5～7月，营巢于天然树洞和啄木鸟废弃的巢洞中，也在柴垛缝隙中筑巢。

分布 秦岭海拔1200米以下的低山、丘陵的阔叶林、针阔叶混交林及村落、园林。

橙胸姬鹟 *Ficedula strophiata*

Rufous-gorgeted Flycatcher

鹟科

形态特征 体长约14厘米。上体灰褐色，下体灰色。额上具有狭窄白色纹，胸部具有小的深红色项纹，但有时不明显。尾黑色，基部白色。雌鸟较雄鸟的项纹小且色浅。

习性 夏候鸟。栖息于密闭森林的地面和较低的灌丛中，有时也在树冠浓密处活动。春季繁殖。

分布 秦岭海拔1000米以上的针阔叶混交林和针叶林。

♀

红喉姬鹟 *Ficedula albicilla*

Taiga Flycatcher

鹟科

形态特征 体长约12厘米。尾色深，且基部外侧为白色。眼先、眼周白色。繁殖期的雄鸟颏、喉橙红色，非繁殖期雄、雌鸟均为白色。

习性 夏候鸟。单独或成对活动于树枝间，常捕食飞行性昆虫。繁殖期5～7月，营巢于林中近水的树洞、树缝中。

分布 秦岭海拔2000米以下的阔叶林、针阔叶混交林、针叶林及疏林灌丛。

♂（摄影：张永文）

白腹蓝鹟 *Cyanoptila cyanomelana*

Blue-and-white Flycatcher

鹟科

形态特征 体长17厘米左右。雄鸟：脸、喉及上胸近黑色，上体蓝黑色；下胸、腹及尾下覆羽为白色；外侧尾羽基部为白色。雌鸟：上体灰褐色，两翅及尾为褐色，喉中心及腹部白色。

习性 夏候鸟。栖息于多林地带，喜在林中中上层活动取食。繁殖期5～7月，在岩缝中营巢。

分布 秦岭海拔1000～2000米的针阔叶混交林和阔叶林。

（摄影：胡万新）

棕腹仙鹟 *Niltava sundara*

Rufous-bellied Niltava

鹟科

形态特征 体长约16厘米。雄鸟：额、眼先、颊、颏及喉为黑色，头顶蓝色，颈侧具有蓝色长细斑纹；背至尾黑蓝紫色，胸以下的下体为橙棕色或橙栗色。雌鸟：体羽褐色，上胸有一白色斑块，尾下覆羽近白色。

习性 夏候鸟。常在林下灌丛和下层树冠层中单独或成对活动。杂食性。繁殖期5～7月，营巢于岩坡洞穴或石隙间。

分布 秦岭中高海拔的阔叶林、竹林、针阔叶混交林和林缘灌丛。

戴菊 *Regulus regulus*

Goldcrest

戴菊科

形态特征 体长约10厘米。雄鸟顶冠纹为橙红色，雌鸟头顶中央斑为柠檬黄色，两侧边缘具有黑色侧冠纹。眼周和眼后上方为灰白色或乳白色。上体橄榄绿色，翅上具有淡黄白色翅斑。下体污白色。

习性 留鸟。常独栖于针叶林的林冠下层，或加入迁徙鸟潮活动。在针叶树枝间觅食昆虫或其他小型无脊椎动物，冬季也吃少量植物的种子。繁殖期5～7月。

分布 秦岭海拔800米以上的针叶林和针阔叶混交林。

小太平鸟 *Bombycilla japonica*

Japanese Waxwing

太平鸟科

形态特征 体长约16厘米。黑色的过眼纹绕过冠羽延伸至头后。臀绯红。翅中绯红。颏、喉黑色，喉侧淡栗色。上、下体大部分为灰色。尾下覆羽淡栗色。雌鸟和雄鸟相比，颏、喉的黑色斑较小，虹膜紫红色。

习性 冬候鸟。常数十只或数百只结群活动，以植物的果实及种子为食。

分布 秋冬季常见于秦岭海拔1200米以下的林缘地带。

蓝喉太阳鸟 *Aethopyga gouldiae*

Gould's Sunbird

花蜜鸟科

形态特征 嘴细长而向下弯曲。雄鸟：体形较雌鸟大，且色彩亮丽。头顶和喉部为紫蓝色，背、胸和头、颈侧朱红色，下背橄榄绿色，腰、腹黄色。尾长，蓝色。雌鸟：上体橄榄色，下体绿黄色。

习性 夏候鸟。一般单独或成对活动，春季成小群活动于盛开花朵的树丛间。以花蜜为食，也吃昆虫等。繁殖期4～6月，营巢于常绿阔叶林中。

分布 秦岭南坡海拔1000米以上的山地阔叶林、针阔叶混交林及林缘。

领岩鹨(liù) *Prunella collaris*

Alpine Accentor

岩鹨科

形态特征 体长18厘米左右。体羽褐色，具有纵纹。头灰褐色，腰部栗色，翅具有两道白色点状斑。尾羽黑褐色，具有栗色端缘。虹膜红褐色。嘴近黑色，下嘴基黄色。脚红色。

习性 留鸟。栖息于高海拔针叶林带及多岩地带，常在岩石附近及灌木丛中觅食昆虫或植物的果实。繁殖期6～7月，营巢于多岩山地的岩石下及岩隙间。

分布 秦岭中西部海拔2000米以上。

棕胸岩鹨 *Prunella strophiata*

Rufous-breasted Accentor

岩鹨科

形态特征 体长约15厘米。体羽褐色，具有纵纹。眉纹前段白色，后段棕红色。胸棕红色。下胸以下白色，具有黑色纵纹。

习性 留鸟。主要以植物的种子和果实为食，也吃少量昆虫等。繁殖期6～7月，常营巢于灌丛中。

分布 秦岭中西部海拔1000米以上的灌丛、草地。

栗背岩鹨 *Prunella immaculata*

Maroon-backed Accentor

岩鹨科

形态特征 体长约14厘米。体羽灰色，臀栗褐色。下背部绛紫色，羽缘白色。额由近白色的羽缘成扇贝形纹所覆盖。虹膜白色，嘴灰黑色，脚橘黄色。

习性 留鸟。栖息、活动于各种林地。以昆虫、植物的果实和种子为食。繁殖期6～7月，营巢于针叶林树枝和树干的交界或树枝的分杈处。

分布 秦岭中西部南坡海拔1000米以上。

白腰文鸟 *Lonchura striata*

White-rumped Munia

梅花雀科

形态特征 体长11厘米左右。上体深褐色，背具有白色纵纹，具有尖形、黑色的尾，腰白色，腹部皮黄白，下体具有细小的皮黄色鳞状斑及细纹。上嘴黑色，下嘴蓝灰色。

习性 留鸟。性喧闹，除繁殖期外成小群栖息，秋冬季成大群活动于矮树丛、灌丛、竹丛和草丛。杂食性。繁殖期4～10月，营巢于竹丛、灌丛和较高的针、阔叶树上。

分布 秦岭海拔1500米以下的低山、丘陵和山脚平原地带。

山麻雀 *Passer rutilans*

Russet Sparrow

雀科

形态特征 体长约14厘米。体色艳丽，背具有黑色纵纹。雄鸟：上体为鲜艳的栗红色。雌鸟：上体橄榄褐色，具有深色的宽眼纹及皮黄白色的长眉纹。

习性 留鸟。除繁殖期外，多结群活动于多种有林环境。杂食性。繁殖期4～8月，营巢于山坡岩壁和人工建筑物的洞穴中。

分布 秦岭海拔1500米以下的低山、丘陵、山脚平原地带的森林和灌丛中。

麻雀 *Passer montanus*

Eurasian Tree Sparrow

雀科

形态特征 体长14厘米左右。额、头顶至后颈为栗褐色，脸颊具有明显的黑色点斑。雄鸟和雌鸟的羽色相近，但雌鸟色彩较淡或暗。

习性 留鸟。主要栖息在人类居住环境，除繁殖期外多结群活动，喜在村落、田野觅食。杂食性。繁殖期3～8月，营巢于村落、城镇建筑物及自然洞穴。

分布 秦岭海拔2000米以下的人类生产、生活区域。

山鹡(jí)鸰(líng)

Dendronanthus indicus

Forest Wagtail

鹡鸰科

形态特征 体长17厘米左右，雌雄相近。头部和上体橄榄褐色。眉纹白色，从嘴基直达耳羽上方。两翅具有黑白色的粗显斑纹。尾羽褐色，最外侧一对尾羽为白色。下体白色，胸部具有两道黑色的横斑纹。

习性 夏候鸟。单独或成对栖息于开阔的森林，停栖时尾部不停地两侧摆动。以昆虫为食，也吃小蜗牛等。繁殖期5～6月，营巢于树的水平枝杈。

分布 繁殖期常见于秦岭低海拔农作区疏林地带。

黄鹡鸰 *Motacilla flava*

Yellow Wagtail

鹡鸰科

形态特征 体长18厘米左右。上体橄榄绿色，下体鲜黄色。头顶和后颈灰色。翅黑褐色，具有黄白色翅斑。

习性 过境鸟。多成对或成小群活动于河流、湿地。波浪式飞行，边飞边叫，停栖时尾部不停地上下摆动，有时也沿着水边来回不停地走动。

分布 春季分布于秦岭海拔1200米以下的河谷地带。

黄头鹡鸰 *Motacilla citreola*

Citrine Wagtail

鹡鸰科

形态特征 体长18厘米左右，头和下体为鲜艳的黄色。背黑色或灰色，翅黑褐色，内侧具有宽的白色羽缘。尾羽黑色，外侧尾羽具有大型楔状白斑。

习性 秦岭西部为夏候鸟，秦岭东部为过境鸟。单独或成对在水边觅食昆虫，也兼食草籽。繁殖期5～7月，营巢于田坎、树洞、岩缝中。

分布 秦岭海拔1200米以下的河谷、湿地。

灰鹡鸰 *Motacilla cinerea*

Gray Wagtail

鹡鸰科

形态特征 体长19厘米左右。头和背深灰色，眉纹白色。尾上覆羽黄褐色。雄鸟颏、喉和两翅为黑褐色，雌鸟则为白色。下体黄色。

习性 夏候鸟。栖息于水域岸边或近水域的环境。波浪式飞行，停栖时尾部不断地上下摆动。以昆虫为食，也吃小型无脊椎动物。繁殖期5～7月，营巢于河流两岸的多种生境。

分布 秦岭地区分布广泛。栖息地常见。

白鹡鸰 *Motacilla alba*

White Wagtail

鹡鸰科

形态特征 体长20厘米左右。前额和脸颊白色，头顶后部、枕和后颈黑色，背、肩黑色或灰色。颏、喉白色或黑色，胸黑色，其余下体白色。

习性 留鸟。单独、成对或成小群活动，地上觅食或空中捕食昆虫。波浪式飞行，停息时尾部不停地上下摆动。繁殖期3～7月，营巢于屋顶、洞穴和石缝等。

分布 秦岭各种海拔高度的水域、沼泽等湿地。

树鹨 *Anthus hodgsoni*

Olive-backed Pipit

鹡鸰科

形态特征 体长15厘米左右。上体橄榄绿色，具有褐色纵纹，尤以头部较明显。眉纹乳白色或棕黄色，耳后有一白斑。下体灰白色，胸具有黑褐色纵纹。脚粉红色。

习性 夏候鸟。常成对或成小群活动，多在地上奔跑觅食。主要以昆虫及其幼虫为食。繁殖期6～7月，营巢于开阔地的草丛或灌木旁凹坑内。

分布 秦岭地区广泛分布。

粉红胸鹨 *Anthus roseatus*

Rosy Pipit

鹡鸰科

形态特征 体长15厘米左右。上体橄榄灰色或绿褐色，头顶和背具有明显的黑褐色纵纹。繁殖期下体粉红色，粉红色眉纹显著。非繁殖期眉纹为粉皮黄色。

习性 夏候鸟。栖息于山地、林缘、灌丛、草甸和河谷地带。以昆虫为食，兼食一些植物的种子。繁殖期5～7月，营巢于林缘、林间空地草丛旁或草丛中地上凹坑内。

分布 秦岭地区广泛分布，栖息地常见。

燕雀 *Fringilla montifringilla*

Brambling

燕雀科

形态特征 体长16厘米左右。胸棕而腰白，雄鸟头和颈背部为黑色，雌鸟为灰褐色。翅及叉形尾为黑色，翅斑棕色，肩斑白色，腹部白色。

习性 冬候鸟。常成大群活动，有时甚至结群多达数百只，栖息于各种森林生境。

分布 秦岭不同海拔高度广泛分布。

（摄影：张永文）

黑尾蜡嘴雀 *Eophona migratoria*

Yellow-billed Grosbeak

燕雀科

形态特征 体长19厘米左右。嘴粗大、黄色，端黑。雄鸟：头部黑色，两翅和尾黑色，翅具有白色端斑，后颈、背、肩灰褐色；下体灰褐色，但两胁沾棕黄色。雌鸟：似雄鸟，头部偏灰色。

习性 夏候鸟。除繁殖期外成群活动。树栖性。以植物性食物为主，也取食昆虫。繁殖期5～7月，营巢于乔木侧枝枝杈。

分布 秦岭中低海拔的有林生境。

（摄影：张永文）

灰头灰雀 *Pyrrhula erythaca*

Gray-headed Bullfinch

燕雀科

形态特征 体长17厘米左右。雄鸟：嘴近黑色。额基、眼周、颏黑色，头部其他部位、喉及背部灰色，头部灰色与黑色交汇处呈灰白色；下背及尾黑色，翅具有白色翅斑；胸及腹部深橘黄色。雌鸟：上背及下体灰褐色，背具有黑斑。

习性 留鸟。栖息于多种森林环境。冬季多成小群活动于林缘、灌丛和田地。主要以植物种子、芽和果实为食。春季繁殖。

分布 秦岭海拔1000米以上的阔叶林、针阔叶混交林及灌丛常见。

♂

♀

普通朱雀 *Carpodacus erythrinus*

Common Rosefinch

燕雀科

形态特征 体长15厘米左右。雄鸟：头顶、腰、喉及胸红色；背、肩栗褐色；两翅和尾黑褐色。雌鸟：上体褐色，具有两道白色翅斑；下体黄白色。

习性 夏候鸟。除繁殖期外多成小群活动和觅食。食性较杂。繁殖期5～7月，营巢于蔷薇等有刺的灌木丛中和小树枝杈上。

分布 秦岭海拔800米以上的针叶林、针阔叶混交林及其林缘地带。

酒红朱雀 *Carpodacus vinaceus*

Vinaceous Rosefinch

燕雀科

形态特征 体长14厘米左右。雄鸟：通体深红色，眉纹浅粉色，两翅和尾黑褐色或灰褐色。雌鸟：体羽黄褐色，具有深色纵纹。

习性 留鸟。单独或成小群活动于林下灌丛，冬季也常到林缘、农田及村落、园林。以草籽、果实和种子等为食，也吃少量昆虫。繁殖期5~7月，营巢于灌木密枝上。

分布 秦岭海拔800米以上的各种森林生境。

♂

♀

金翅雀 *Carduelis sinica*

Oriental Greenfinch

燕雀科

形态特征 体长约13厘米。嘴粉红色，基部粗厚。体羽黄、灰及褐色。具有宽阔的黄色翅斑，叉形尾。雄鸟：顶冠及颈背灰色，头侧沾草黄色，背褐色，外侧尾羽基部及臀黄色。雌鸟：羽色暗淡。

习性 留鸟。除繁殖期外成大群活动。主要以植物的果实、种子及草籽、谷粒等为食。繁殖期3～8月，营巢于小树枝杈上和竹丛中。

分布 秦岭海拔1500米以下的低山、丘陵和平原等开阔地带。

红交嘴雀 *Loxia curvirostra*

Red Crossbill

燕雀科

形态特征 体长约16厘米。上、下嘴相侧交。雄鸟：通体朱红色。雌鸟：通体暗橄榄绿色。

习性 留鸟。除繁殖期成对外，常结群活动，四五只至数十只不等，喜欢在针叶林中栖息，飞行迅速而带起伏。主要食物为落叶松的种子。繁殖期5～8月，营巢于松林中高大树木的侧枝上。

分布 秦岭西南部中高海拔地区的针叶林和针阔叶混交林。

♂

♀

黄雀 *Carduelis spinus*

Eurasian Siskin

燕雀科

形态特征 体长约12厘米。体羽黄褐色，翅上具有醒目的黑色及黄色条纹，嘴短。雄鸟：顶冠纹及颏黑色。雌鸟：羽色暗而多纵纹，顶冠和颏无黑色。

习性 冬候鸟。常成几十只的群活动于树冠。以多种植物的果实、种子和嫩芽为食，也吃少量的昆虫。

分布 秦岭海拔800米以上的针阔叶混交林和针叶林。

蓝鹀（wú）*Latoucheornis siemsseni*

Slaty Bunting

鹀科

形态特征 体长13厘米左右。雄鸟：体羽蓝灰色，仅腹、臀及尾外缘色白。雌鸟：体羽棕色，翅具有两道锈色翅斑，腰灰，头及胸为棕色。

习性 留鸟。除繁殖期外多单独活动，有时也成3～5只的小群，栖息于次生林及灌丛。主要以植物的种子和昆虫为食。繁殖期5～7月，营巢于林内较开阔有坡度的地面和灌丛。

分布 秦岭海拔500～1800米的山地森林和灌丛。

灰眉岩鹀 *Emberiza godlewskii*

Rock Bunting

鹀科

形态特征 体长17厘米左右。头部灰色，眉纹、颊、耳羽蓝灰色，顶冠纹灰色，侧冠纹和贯眼纹栗色。背红褐色，具有黑色纵纹。腰和尾上覆羽栗色。胸以下的下体红棕色。雌鸟色淡。

习性 留鸟。栖息于干燥而多岩石的丘陵山坡及林缘沟壑，也活动于农耕地。杂食性。繁殖期4～7月，营巢于草丛、灌丛地表浅坑或灌丛基部。

分布 秦岭海拔1500米以下的河谷地带。

三道眉草鹀 *Emberiza cioides*

Meadow Bunting

鹀科

形态特征 体长约16厘米。雄鸟：上体栗红色，具有黑色羽干纹，眼先及下部各有一条黑纹，耳羽褐色，眉纹、上髭纹及喉白色，胸以下棕色。雌鸟：羽色较淡，眉线、下颊纹及下体土黄色。

习性 留鸟。栖息在草丛、灌木、岩石或空旷而无掩蔽的地面、枝梢等处。以植物的种子和昆虫为食。繁殖期4～7月，营巢于灌丛和小树上。

分布 秦岭中低海拔地区广泛分布，夏季常见于丘陵及高山，冬季则在平原、谷地。

小鹀 *Emberiza pusilla*

Little Bunting

鹀科

形态特征 体长约13厘米。头具有黑色和栗色条纹。颊纹及耳羽栗色，边缘灰黑。眼圈色浅。眉纹及第二道下颊纹黄白色。上体褐色，具有黑褐色羽干纹，两翅和尾黑褐色。下体偏白，具有黑色纵纹。

习性 冬候鸟。成小群分散活动于草丛和灌木低枝间。食性较杂。

分布 秦岭海拔2500米以下的山地、丘陵和平原地带的灌丛、草地和小树丛。

黄喉鹀 *Emberiza elegans*

Yellow-throated Bunting

鹀科

形态特征 体长约15厘米。雄鸟：具有短而竖直的黑色冠羽；眉纹长（至枕侧）而宽阔，前白后黄；脸颊及上胸黑色，喉黄色；背部暗栗色；胸以下的下体灰白色。雌鸟：羽色较淡，头部黑色转为褐色。

习性 留鸟。除繁殖期外，多成小群活动。主要以植物的种子为食，繁殖期以昆虫为食。繁殖期5～7月，营巢于草丛地面或灌丛幼树。

分布 秦岭海拔1500米以下的各种有林生境。

灰头鹀 *Emberiza spodocephala*

Black-faced Bunting

鹀科

形态特征 体长约14厘米。雄鸟：头青灰色，嘴和眼先灰黑色，上体背部以下栗色，具有黑色纵纹，下体浅黄色。雌鸟：头橄榄色，过眼纹及耳覆羽下的月牙形斑纹为黄色。

习性 夏候鸟。除繁殖期外，多成小群活动。杂食性。繁殖期5～7月，营巢于矮灌木丛中的地面或离地不高的树枝上。

分布 秦岭地区广泛分布，从平原到高山的各种森林生境都能见到。

参考文献

[1] 赵正阶. 中国鸟类志[M]. 吉林科学技术出版社，2001.

[2] 郑光美. 鸟类学（第三版）[M]. 北京师范大学出版社，2012.

[3] 孙承骞. 中国陕西鸟类图志[M]. 陕西科学技术出版社，2007.

[4] 郑光美. 中国鸟类分类与分布名录（第三版）[M]. 科学出版社，2017.

[5] 约翰•马敬能，卡伦•菲利普斯，何芬奇. 中国鸟类野外手册[M]. 湖南教育出版社，2000.

[6] 郑作新.秦岭鸟类志[M].科学出版社，1973.